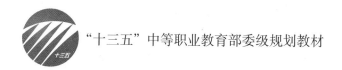
"十三五"中等职业教育部委级规划教材

内衣设计实训

唐婷婷　钟柳花　编著

中国纺织出版社

内 容 提 要

本书是"十三五"中等职业教育部委级规划教材。

本书是作者结合多年的企业实践经验和教学经验编写而成。内容共分为四个知识模块，系统地介绍了人体测量、内衣材料、内衣品类、基础内衣的设计风格、设计方法及美体内衣设计等相关知识。

本书根据院校的授课特点量身定制，并以项目教学的方式讲解内衣设计，通过模拟企业设计师的工作情境，以大量的内衣设计实例让阅读者更透彻地掌握内衣设计的方法，为进入企业工作打下良好的基础。

本书可供中高职服装专业的学生和服装爱好者学习、参考，也可作为岗前培训使用。

图书在版编目（CIP）数据

内衣设计实训 / 唐婷婷，钟柳花编著. -- 北京：中国纺织出版社，2016.10

"十三五"中等职业教育部委级规划教材

ISBN 978-7-5180-2990-7

Ⅰ. ①内… Ⅱ. ①唐… ②钟… Ⅲ. ①内衣 – 服装设计 – 中等专业学校 – 教材 Ⅳ. ① TS941.713

中国版本图书馆 CIP 数据核字（2016）第 227325 号

策划编辑：宗 静 华长印 责任编辑：华长印 宗 静
责任校对：寇晨晨 责任设计：何 建 责任印制：何 建

中国纺织出版社出版发行
地址：北京市朝阳区百子湾东里A407号楼 邮政编码：100124
销售电话：010—67004422 传真：010—87155801
http://www.c-textilep.com
E-mail：faxing@c-textilep.com
中国纺织出版社天猫旗舰店
官方微博 http://weibo.com/2119887771
北京通天印刷有限责任公司印刷 各地新华书店经销
2016年10月第1版第1次印刷
开本：787×1092 1/16 印张：9
字数：88千字 定价：39.80元

前言

　　近几年来，随着内衣企业品牌化的不断深化，中国内衣企业与服装院校已经认识到了培养内衣设计人才的重要性。但因我国的服装职业教育起步较晚，专业系统的教材明显还有许多不足，尤其是针对内衣设计的书籍就更少，市面上现有的书籍比较陈旧，无法达到服装院校内衣教学的要求。

　　在这样的现状下，针对新兴的内衣设计职业教育提供一套具有实用价值的教材就尤为重要。本人通过总结多年的内衣企业工作经验，结合职业教育的学习与教学实践，规划出相对完整的内衣设计课程教学体系，希望能在内衣设计人才的培养中发挥作用。

　　本书根据我国服装院校的授课特点量身定制，从内衣设计的专业基础知识着手，详细地介绍了内衣的品类、材料、风格等相关知识，由浅入深地介绍了从事内衣设计工作所必须掌握的设计方法和设计要点。本书共分为四个知识模块：模块一，系统地介绍了人体测量，内衣材料，内衣品类等相关知识；模块二，详细地分析、讲解了基础内衣的设计风格，设计方法；模块三，重点讲述美体内衣的设计；模块四，则以各种设计实例来让阅读者更透彻地掌握内衣设计，为进入企业工作打下良好的基础。

　　本书适合作为职业院校的内衣设计专业教材，也可作为内衣从业人员的参考书和内衣设计爱好者的专业读物。由于内衣设计涉及的内容广泛而专业，作者的编写水平有限，书中难免会出现疏漏及错误之处，恳请广大读者批评指正。

唐婷婷

2016年3月

目录

模块一

认识内衣与材料

　　内衣是自由而美丽的象征，是人体与服饰文化和谐的标志之一。内衣品类众多，而材料作为内衣的三要素之一，在设计中一直扮演着重要的角色。

　　内衣是人体的"贴身伴侣"和"第二肌肤"，设计师要具备辨别各类材料，独立选择和应用材料的能力。只有充分认识和了解内衣的面料、辅料，才能更好地利用其特点来设计各种内衣。

项目设置

项目一：内衣认知

项目二：内衣材料运用与设计

项目一：内衣认知

任务一　了解内衣的种类并能正确区分文胸、内裤的类别

一、任务书

　　小丽去一家内衣企业面试设计师助理的工作，经过一番交流后，人力资源部的经理很看好小丽的潜力。但作为一个合格的内衣设计师助理必须要了解内衣产品，才可以协助设计师一起设计出优秀的内衣产品，小丽目前的能力无法胜任此项工作。经过双方协商，公司安排她进入内衣门店作为销售员实习一个月，以便她近距离接触顾客，了解内衣产品。上班的第一天，店长要求小丽把刚到货的各式内衣分类进行陈列摆放，以便顾客挑选购买。因初次接触内衣，小丽对于内衣的基础知识很模糊，所以小丽需要快速掌握这部分的知识。

　　1. **任务要求**

　　了解内衣的概念，内衣的种类以及文胸、内裤的分类。

　　2. **任务目标**

　　（1）重点掌握文胸的分类方法，能够准确地描述不同类别文胸的特点及适用体型。

　　（2）掌握内裤的分类方法、适穿体型以及适合配装。

二、知识内容

　　1. **内衣的概念**

　　内衣英译为 Under Wear，这是 1983 年以来服装界的通用语。内衣是人体的"第二肌肤"和"贴身伴侣"，广义上来说只要是贴身穿着的衣服，都可以称为内衣。

　　2. **内衣的种类**

　　内衣按照穿用功能性划分为基础内衣、美体内衣、家居内衣、运动休闲内衣与保暖内衣五大类，见表 1–1，本书重点讲述的是基础内衣与美体内衣设计。

　　3. **文胸的分类**

　　文胸又称胸罩、乳罩，是保护女性胸部最贴身的衣物，也是女性内衣设计的重点与难点。罩杯是文胸的主体部分，其主要作用是包容和支撑乳房，塑造女性胸部线条。表 1–2 以罩杯为主体进行文胸分类。

　　另外，按罩杯的外部结构分类，可分为无褶一片罩杯、单褶一片罩杯、上下两片罩杯、左右两片罩杯、多片罩杯与斜分割罩杯，详细见表 1–3。

　　随着文胸产品的不断发展与完善，市面上除了上述常见的文胸杯型之外，还有一些特殊类别的文胸杯型，如三角杯、U 型杯、W 型杯与贝壳杯等，见表 1–4。

表1-1　内衣的种类

基础内衣：指对身体起基础保护和美化作用的内衣，基础内衣在内衣中占比例最大，主要包括文胸（普通文胸、少女文胸与孕产妇文胸）、内裤、背心与汗衫

文胸、内裤		背心	汗衫

美体内衣：对身体起矫正和塑造作用的内衣，是技术含量、专业要求最强的内衣品类

骨衣	束衣	束裤	腰封

家居内衣：在室内居家穿着的内衣，以舒适性为主

衬裙	吊带背心	吊带裙	睡衣	家居服

运动休闲内衣：在运动时穿着的内衣，强调功能性和透气性

泳衣	运动文胸	运动背心	健身服

续表

保暖内衣：秋冬贴身穿着的内衣，常使用科技含量较高的保暖面料制作		
保暖套装	保暖背心	塑身保暖背心

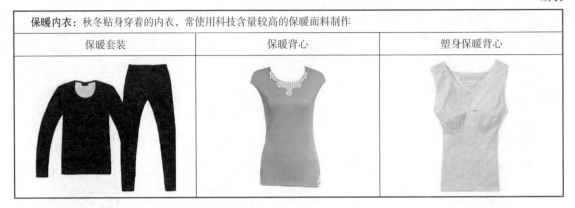

表1-2 以罩杯为主体进行文胸分类

分类方法	名称	特点	款式示意	适用体型
按罩杯材料分类	模杯罩杯	模杯是由海绵经过高温的模具热压定型而成的杯，是一次性成型 模杯立体感较强，具有光滑、圆润的特点		适合东方女性，尤其是胸型小巧的女性
	夹棉罩杯	夹棉杯是在海绵两面贴上针织布，后经裁剪缝合而成的杯 杯型灵活多样，可根据需要裁剪任意形状		适合东方女性，尤其是胸部底盘较扁平外扩的女性
	单层罩杯	罩杯无夹棉，通常为单层或双层，固定与塑型功能较差，但款式比较性感		欧美女性较偏爱此类文胸，适合胸部丰满的女性
按罩杯覆盖胸部面积分类	全罩杯	全杯罩是指能够把整个乳房都包裹在内的罩杯类型。常用C杯、D杯、E杯与F杯，它们能更好地包裹与支撑胸部		包裹性很强，适合胸部丰满的女性。常用于孕妇文胸、哺乳文胸及成熟女性文胸设计

续表

分类方法	名称	特点	款式示意	适用体型
按罩杯覆盖胸部面积分类	3/4罩杯	3/4杯罩利用斜向的裁剪，并强调钢圈的侧压力与肩带的提升力。可使乳房上托，向中间集中，能展现出女性胸部的玲珑曲线	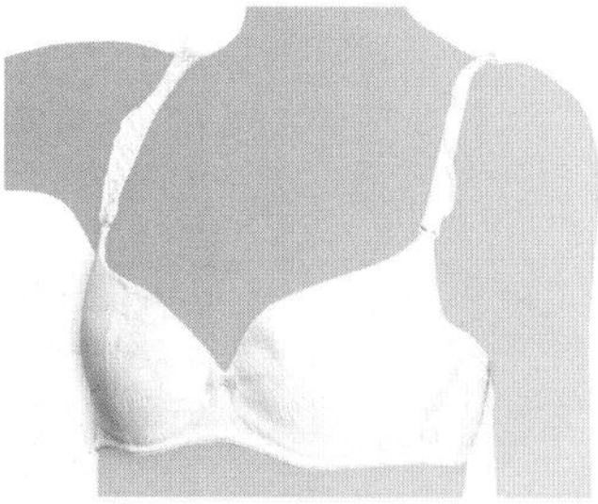	3/4罩杯是最常见的杯型，造型优美，样式多变，适合大多数女性穿着
	1/2罩杯	1/2杯罩造型呈半球状，它是在全杯罩的基础上，保留下方的杯罩以支托胸部	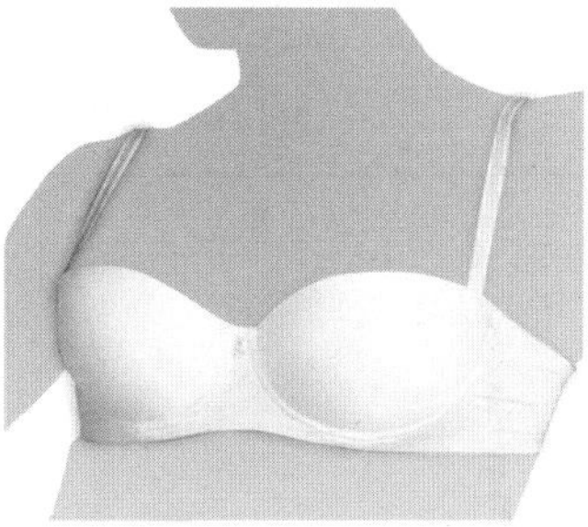	适合胸部较小的女性，肩带通常可拆卸，适合搭配露肩、低胸的服饰穿着
按内部结构分类	衬垫型	衬垫型是通过在杯罩下方、侧方加上衬垫，以便达到推举胸部的目的，是矫形内衣的一种。衬垫型文胸分固定衬垫型和插片衬垫型	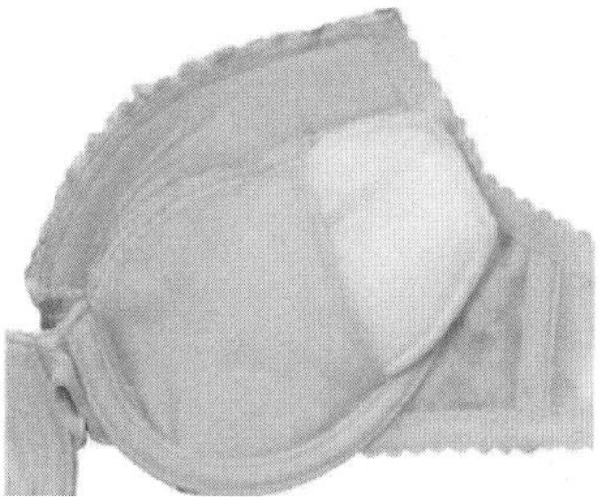	适合胸部娇小，乳房扁平的女性，能使女性展示美好身姿
	无衬垫型	杯罩内无衬垫	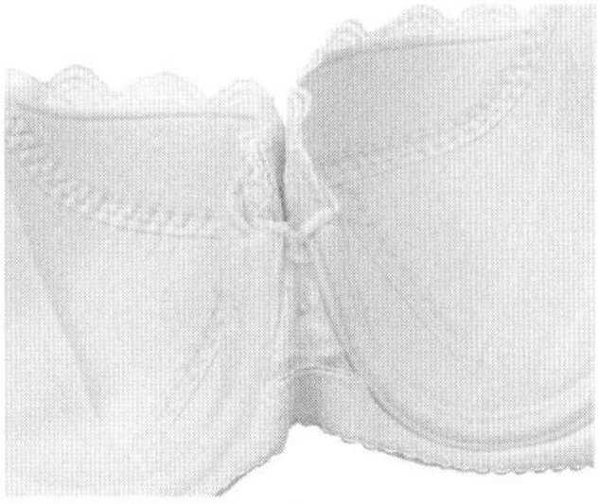	适合胸部丰满、挺拔的女性

表1-3　按罩杯的外部结构分类

名称	无褶一片罩杯	单褶一片罩杯	上下两片罩杯
图示			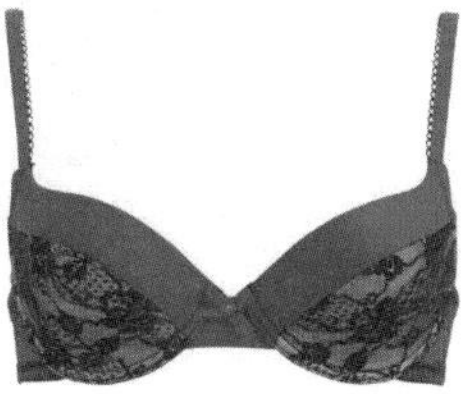

续表

名称	左右两片罩杯	多片罩杯	斜分割罩杯
图示	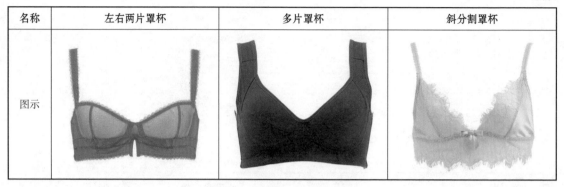		

表1-4 特殊类别的文胸杯型

三角杯	贝壳杯	W型杯	U型杯
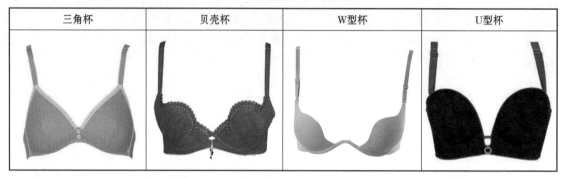			

4. 内裤的分类

内裤是由前片、后片和底裆三部分组成，通常可以按装饰、外部造型、腰线、性别和功能等方式进行分类。

内裤按装饰可分为简单基本内裤和带蕾丝的花式内裤；按外部造型可分为三角内裤、平角内裤和丁字裤；按腰线可分为低腰内裤、中腰内裤和高腰内裤；按性别可分为男式内裤、女式内裤；按功能可分为常规内裤、美体内裤、生理内裤和孕产妇内裤。

在这里重点讲述的是女式内裤，表1-5展示的是按外部造型、腰线、装饰与功能来分类内裤，以及适用体型与适合配装。

表1-5 内裤的分类

	三角内裤	平角内裤	丁字裤
按外部造型分类	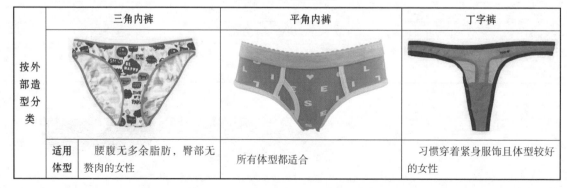		
适用体型	腰腹无多余脂肪，臀部无赘肉的女性	所有体型都适合	习惯穿着紧身服饰且体型较好的女性

续表

按外部造型分类	三角内裤		平角内裤	丁字裤
	适合配装	为避免在臀部出现勒痕的尴尬,适合搭配宽松的裙或裤穿着	几乎可以配穿所有的裙或裤,但不可搭配过于低腰的款式	可以配穿所有的裙或裤

按腰线分类	低腰内裤		中腰内裤	高腰内裤
	腰线位于肚脐眼8cm以下		腰线位于肚脐眼下8cm以内	腰线位于肚脐眼上面

按装饰分类	简单基本内裤	花式内裤

按功能分类	常规内裤	美体内裤	生理内裤	孕产妇内裤
适用人群	适合大多数女性日常穿着	需要调整腰、腹、臀部曲线的女性	处于生理期的女性穿着	处于妊娠期或哺乳期的女性穿着

三、项目实训

开始进行内衣设计时,很多人会感觉无从下手,请先从临摹开始练习,按图1-1所示的文胸与内裤款式绘制,绘制时请注意文胸不同杯型之间的区别。

观察表1-6中的内衣实物,运用所学习的内衣分类方法,正确描述内衣的品类及适用体型,并用铅笔简单地把内衣廓型结构绘制出来(可忽略细节,做法参考示范图)。

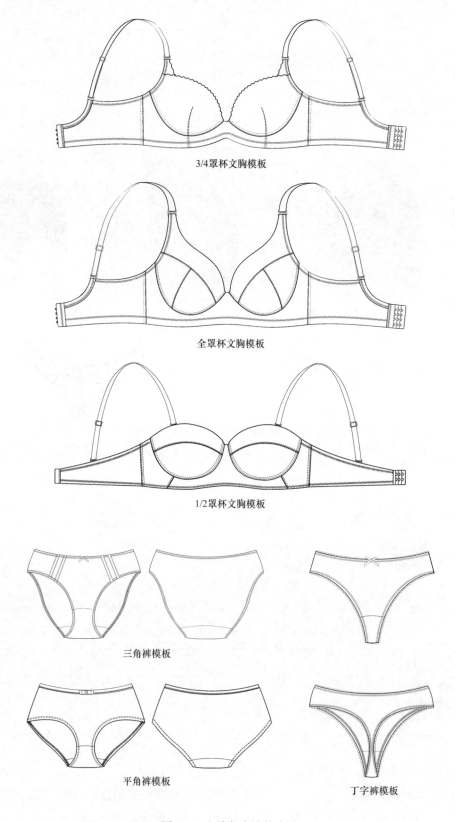

3/4罩杯文胸模板

全罩杯文胸模板

1/2罩杯文胸模板

三角裤模板

平角裤模板

丁字裤模板

图1-1　文胸与内裤款式图

表1-6 内衣绘制示范与作业

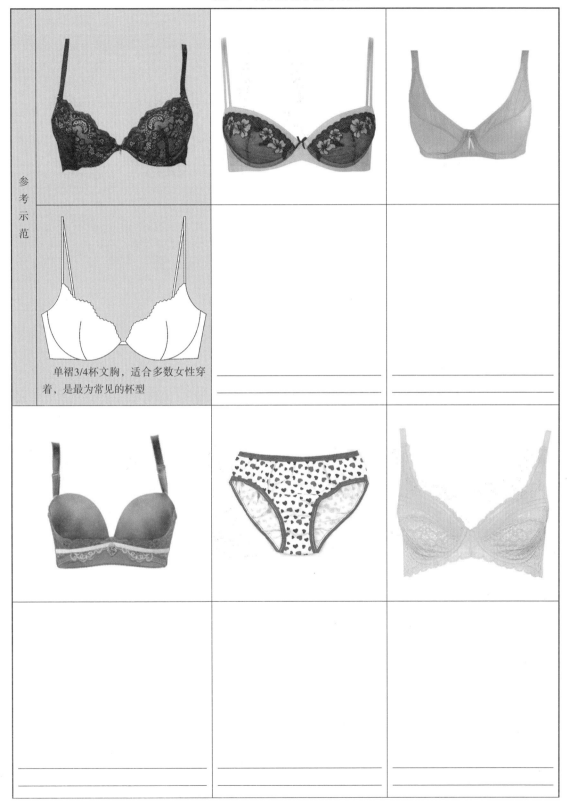

单褶3/4杯文胸，适合多数女性穿着，是最为常见的杯型

任务二　人体测量与内衣选择

一、任务书

完成了对门店内衣的整理分类后，小丽迎来了两位顾客：一位母亲带着女儿过来选购内衣，小姑娘不清楚自己的尺码，小丽需要为她进行人体测量后提供合适的内衣供她挑选，并告知小姑娘一些基础内衣的保养知识。

1. 任务要求

能准确测量人体尺寸，并学会计算内衣尺码；熟悉文胸正确穿戴方法与洗涤保养方式。

2. 任务目标

重点掌握人体体型特征与乳房特征；能按照不同年龄段女性的身型进行内衣选择。

二、知识内容

1. 人体的体型特征（图 1-2）

少女期女性体型特征为：乳房高、乳间距小、胸廓扁平、腹部平坦、臀部圆润。

成年期女性：

20 ~ 30 岁：乳房、臀部丰满，体型姣好。

30 ~ 40 岁：体型的转折点，脂肪开始堆积。

40 ~ 50 岁：腰、腹围度加大。

60 岁以上：背开始弯曲，乳房下垂严重。

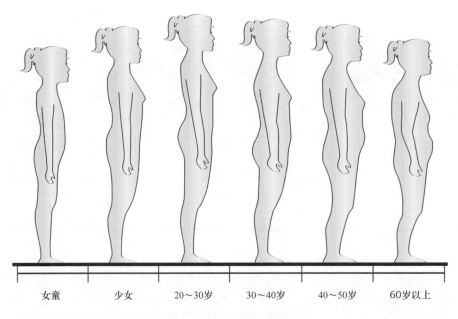

图 1-2　人体的体型特征

2. 视觉判断

内衣的选择不仅仅取决于乳房的大小，乳房的形状也同样需要考虑在内。表1-7定义了5种不同形状的胸型，并列出了适合每种胸型穿的内衣品类。

表1-7 胸型与内衣选择

胸型	乳房特征	图例	文胸功效与杯型选择
扁平型	乳房的底盘大，高度低，胸部像薄薄的两个盘子倒挂在胸前，曲线不明显		需选择具有聚拢与集中效果的文胸。如半月型衬垫文胸、1/2杯文胸、3/4杯前扣式钢圈型文胸
圆锥型	乳房隆起较小，底部也不大，但整体挺拔，呈圆锥型		需选择具有衬垫的文胸以弥补高度的不足，如1/2杯衬垫型文胸、3/4杯衬垫型文胸、全罩杯长腰衬垫型文胸
半球型	乳房隆起大且饱满，如同半个网球		需选择功能性文胸产品，罩杯宜大且深，或包裹性好的无衬钢圈全罩杯文胸，使胸部保持均衡
纺锤型	乳房的底部不大，但隆起很高，使乳房向前突出并稍有垂态		此类胸型分娇小与丰满两种，胸部娇小者可选3/4杯前扣式钢圈型文胸，或3/4杯半圆衬垫文胸。胸部丰满者可选用水滴型全罩杯文胸，有效收拢副乳

续表

胸型	乳房特征	图例	文胸功效与杯型选择
下垂型	乳房面积适中，肌肉松弛，隆起部位下垂外扩，下侧一部分贴到胃部，胸高点稍微低于正常胸线		此胸型以生育后的女性居多，需选择具有提拉效果的调整型文胸。应避免1/2杯文胸与3/4杯文胸，选购时可考虑大一号的钢圈型全罩杯或半月型衬垫全罩杯

3. 内衣测量与尺码计算方法

内衣是人体的"第二肌肤"，女性在购买内衣时，往往需要先测量一下胸围、腰围与臀围，计算得出适合自己的内衣尺码，才能挑选到舒适合体的内衣产品。同时，随着时间的推移，女性的体型、胸型也在发生变化，内衣尺码也会随着变化。为了设计出更舒适合体的内衣并推销给顾客，设计师需要掌握内衣测量与尺码计算方法，尺码计算方法见表1-8。

（1）**上胸围尺寸**：将软尺绕乳房隆起的最高点——胸高点，围量一圈（下垂型胸部需推回原位再测量），如图1-3所示。

（2）**下胸围尺寸**：将软尺放在乳房隆起的下边缘，水平围量一圈，如图1-4所示。

（3）**腰围尺寸**：将软尺紧贴腰部最细的部位，水平围量一圈，如图1-5所示。

（4）**臀围尺寸**：将软尺围绕臀部最丰满的部位，水平围量一圈，如图1-6所示。

表1-8　文胸、内裤尺码对照表

文胸尺寸		
上下胸围差（cm）	文胸罩杯	
<7.5	AA	
7.5 ~ 10	A	
10 ~ 12.5	B	
12.5 ~ 15	C	
15 ~ 17.5	D	
>17.5	E+	

图1-3　　　　　　　　图1-4

续表

内裤尺寸		
腰围	臀围	尺码
55~61cm	78~89cm	S
61~67cm	83~93cm	M
67~73cm	86~96cm	L
73~79cm	89~99cm	XL
79~86cm	91~103cm	XXL

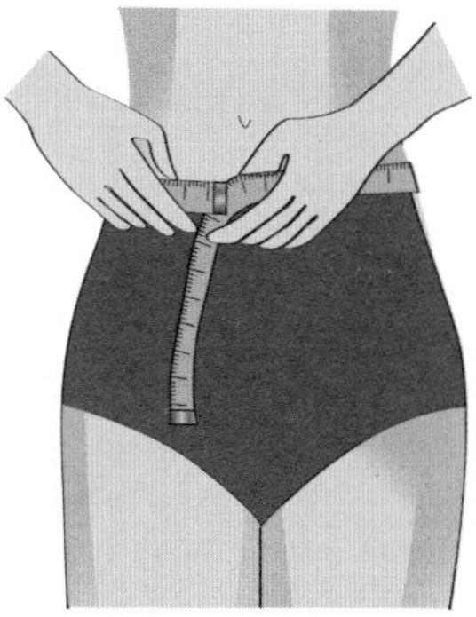

图 1-5 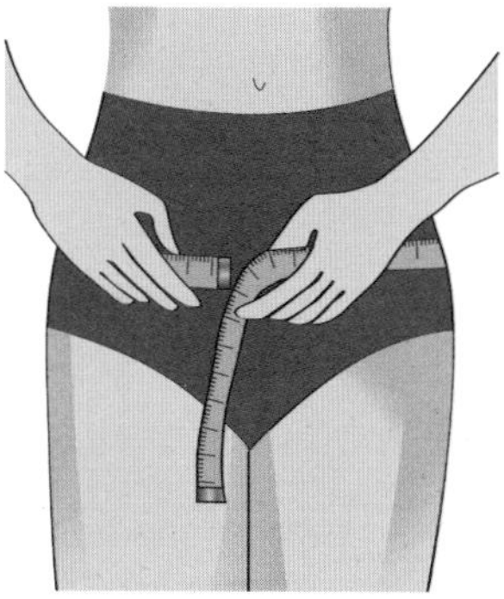　　　　　　图 1-6

4．文胸的正确穿戴方法（图 1-7）

步骤 1：手臂穿过肩带，身体前倾 45°，让乳房自然进入罩杯内，保持此姿势扣上背扣。

步骤 2：扣好背扣后，手掌从腋下开始推挤，把乳房两侧的肌肉挪入罩杯中，并托高胸部。

步骤 3：身体站直调整肩带到合适的松紧。

步骤 4：活动一下身体，看文胸是否移位。

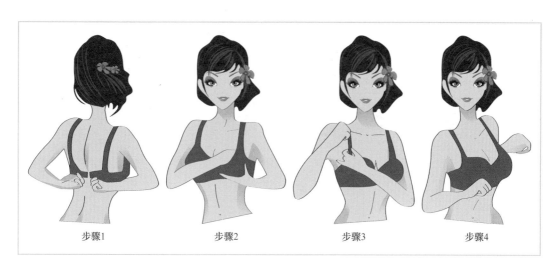

步骤1　　　　步骤2　　　　步骤3　　　　步骤4

图 1-7　文胸的正确穿戴方法

5．试穿时需要检查的部位

①下胸围是否紧贴，正中是否固定于心窝，前中心是否松浮。

②罩杯上沿是否过于压迫胸部，罩杯杯型是否合适，腋下脂肪是否受到挤压或突出于罩杯外。

③肩带是否太松或太紧，可否放入一根手指。

④后背扣位置是否平行固定于肩胛骨下方。

6. 文胸的洗涤方法（图1-8）

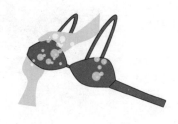

①水中放入中性洗涤剂，以30摄氏度温 水泡10分钟。

②把泡泡放入罩杯内，抓住文胸后比片 摩擦罩杯，清洗干净文胸。

③清水漂洗后，把多余 水分挤出，用衣架夹住 下端悬挂阴干。

图1-8 文胸的洗涤方法

7. 文胸的收纳方法（图1-9）

①扣上背扣，调整好肩带。

②平放重叠文胸。

图1-9 文胸的收纳方法

8. 洗涤与收纳注意事项

①洗涤剂需要先溶解，后放入内衣，以避免内衣褪色。

②不可在阳光下暴晒，内裤不要翻转晾晒，以避免沾染灰尘。

③切忌与樟脑丸等防虫剂放在一起，以免内衣失去弹力。

三、项目实训

1. 自检（工具准备：卷尺、计算器、笔、纸）

请对着镜子观察自己的乳房特征，对照视觉判断表里的图示判断自己属于何种胸型。

经过对照，认为自己是＿＿＿＿＿＿胸型，需要选择＿＿＿＿＿＿＿＿＿＿＿＿文胸。

2. **互测（工具准备、卷尺、计算器、笔、纸）**

请找一位同学做模特，在宿舍内穿着小背心，使用软尺按照本项目学习的测量方式量出她的上下胸围尺寸、腰围尺寸、臀围尺寸并计算出差度，判断她穿着何种尺码内衣。

经过测量，该模特的上胸围为＿＿＿＿＿＿（cm），下胸围为＿＿＿＿＿＿（cm），上下胸围差为＿＿＿＿＿（cm），故该模特应穿＿＿＿＿＿＿的文胸。经过测量，该模特的腰围为＿＿＿＿＿＿（cm），臀围为＿＿＿＿＿＿（cm），故该模特应穿＿＿＿＿＿的内裤。

3. **模拟练习**

请按照表1-9中顾客体型特征的文字描述，把适合该顾客的文胸款式类别选择出来。

表1-9　文胸挑选模拟练习

顾客A：年龄27岁，身材娇小。乳房隆起较小，但整体挺拔，呈圆锥型	3/4杯超薄文胸	3/4杯中厚文胸	全罩杯中厚文胸
你的选择			
顾客B：年龄37岁，偏胖。胸部较大，乳房肌肉松弛，胸部有点下垂、外扩	3/4杯中厚文胸	5/8杯中厚文胸	全罩杯有钢圈文胸
你的选择			

项目二：内衣材料运用及设计

任务一 了解内衣材料并能正确标示使用部位

一、任务书

经过一个月的门店销售锻炼，小丽对内衣产品已经比较了解，成功得到了内衣设计师助理这个职位。当时公司正在准备进行新季度产品开发，设计师让小丽去面辅料市场寻找一些内衣材料并贴出样板卡，以便于款式设计中选用。这就需要小丽提前了解内衣的常用材料，同时能准确掌握文胸的基本结构，以及每种面料使用的部位。

1. **任务要求**

了解内衣材料，熟悉文胸各个部位使用的材料种类。

2. **任务目标**

重点掌握文胸各部位的标准名称，能准确描述不同材料的特点与使用部位。

二、知识内容

内衣面料主要作用是表现内衣的造型、风格、性能等主体特征，而内衣辅料则对内衣起衬托、缝合、标识等作用。

1. **内衣的常用面料**

面料按织物的原料可分为：天然纤维面料、化学纤维面料与混纺面料。

按功能可分为：抗菌面料、保暖面料、美体面料。

另外内衣面料还包括：网布、花边等常用配料布，这是与常规服装面料的区别。

（1）**天然纤维面料**：棉、丝、羊毛等织物。

（2）**化学纤维面料**：氨纶、锦纶、涤纶、大豆蛋白纤维、莫代尔、天丝、竹碳纤维等织物。

内衣常用面料的性能与适用范围见表1-10。

2. **内衣的基本结构**

文胸、文胸一般由肩带、罩杯、后比、鸡心、勾圈扣、肩带等部分组成，每个部位都有各自的功能。

内裤、内裤由前片、后片和底裆三部分组成。

3. **结构图示**（图1-10～图1-12）

表1-10 内衣常用面料的性能与适用范围

纯棉面料	**性能与特点**：穿着柔软、舒适；透气、吸湿；染色性能好，但弹性、抗皱性较差	
		**适用范围**：睡衣、家居服的主要面料，或用于内裤底裆与文胸内杯
蚕丝面料	**性能与特点**：手感细腻、柔软；悬垂性好；穿着舒适、飘逸；无弹性、抗皱性一般	
		**适用范围**：睡衣、家居服的主要面料，吊带睡裙最偏好使用蚕丝面料
羊毛面料	**性能与特点**：具有良好的弹力和保暖性，透气吸湿	
		**适用范围**：保暖内衣、针织衫、袜子

莫代尔面料	**性能与特点：**手感顺滑、穿着舒适，频繁洗水后依旧光泽、柔软。透气吸湿性极好，是环保的绿色再生面料	
	 莫代尔是采用欧洲榉木，先制成木浆后，再制成纤维，是绿色的再生面料	**适用范围：**男/女内衣裤、背心、吊带式夏季内衣服饰等
天丝面料	**性能与特点：**穿着舒适、不易磨损且耐用；弹力悬垂性好、服装尺寸稳定性极好；夏天穿着冰凉、透气	
	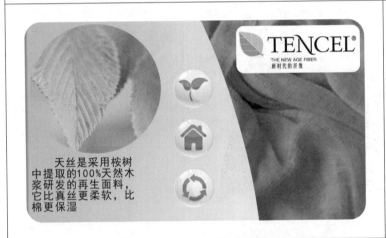 天丝是采用桉树中提取的100%天然木浆研发的再生面料，它比真丝更柔软，比棉更保湿	**适用范围：**各式内衣，夏季服饰
竹纤维面料	**性能与特点：**从竹子中提取的木浆生产的面料，不起毛不起球、清新凉爽，具有长久消臭抗菌和抗紫外线的作用	
	 竹纤维是采用竹子中提取的100%天然木浆研发的再生面料，它不起毛，不起球，抗菌性好	**适用范围：**属于四季都合适穿着选用的内衣面料，尤其是内裤与袜子最爱使用竹纤维面料

续表

锦纶面料	**性能与特点：**弹力很好，耐磨性很强，吸湿透气性差；易起毛起球、易变形、易产生静电。 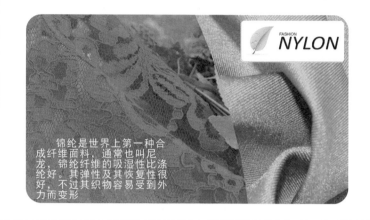 锦纶是世界上第一种合成纤维面料，通常也叫尼龙，锦纶纤维的吸湿性比涤纶好。其弹性及其恢复性很好，不过其织物容易受到外力而变形　　**适用范围：**文胸侧比、后比，美体内衣，泳衣，健身服
涤纶面料	**性能与特点：**弹力很好，耐磨、耐热较好；但吸湿性极差，易起毛起球。涤纶是合纤织物中耐热性最好的面料，具有热塑性 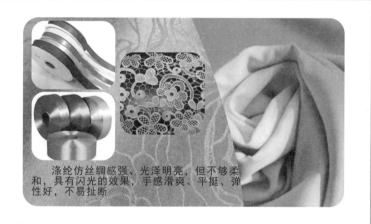 涤纶仿丝绸感强、光泽明亮，但不够柔和，具有闪光的效果，手感滑爽、平挺、弹性好，不易扯断　　**适用范围：**各种织带、缝纫线、罩杯的表层面料与各式蕾丝花边
莱卡面料	**性能与特点：**弹力好、手感舒适，具有棉的舒适性与氨纶的高弹性。它完全取代了传统的弹性橡皮筋线。在体操服、游泳衣这些具有特殊要求的服装中，莱卡几乎是必不可少的组成元素 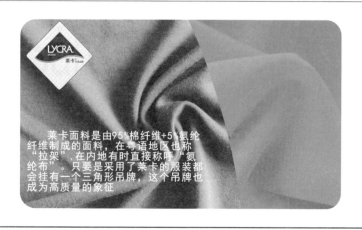 莱卡面料是由95%棉纤维+5%氨纶纤维制成的面料，在粤语地区也称"拉架"，在内地有时直接称呼"氨纶布"。只要是采用了莱卡的服装都会挂有一个三角形吊牌，这个吊牌也成为高质量的象征　　**适用范围：**内衣最常用的弹力面料。可用于泳衣、无缝内衣、文胸后比、束裤、束衣等美体内衣

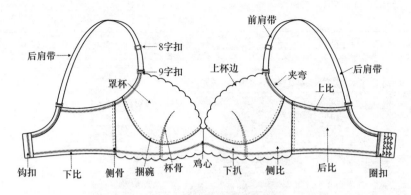

图 1-10 钢圈文胸

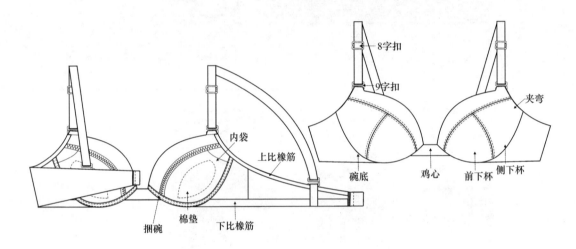

图 1-11 夹棉文胸

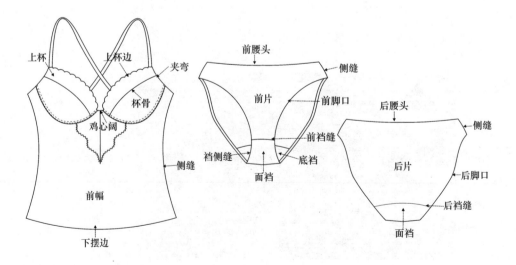

图 1-12 吊带背心与内裤

4. 文胸、内裤常用面料与辅料

内衣面料的主要作用是体现内衣的风格、性能等主体特征，使着装者感觉舒适和美观，内衣辅料则是缝制内衣时必不可少的材料。因此，一个好的内衣设计师必须要对内衣的面辅料有充分的认识与了解，才能更好地利用内衣面辅料的特点，更好地把握各种内衣的设计。

内衣的面料非常多元化，有棉、丝、麻、绢、丝绒、聚酯纤维等，而喜欢突破的设计师也会用上皮料，塑胶，羽毛等特殊材料，以寻求突破与卖点。本项目主要介绍的是文胸、内裤常用面料与辅料（表1-11）。

表1-11　文胸、内裤常用面料

名称	面料图示	使用示范
棉拉架（棉莱卡）		 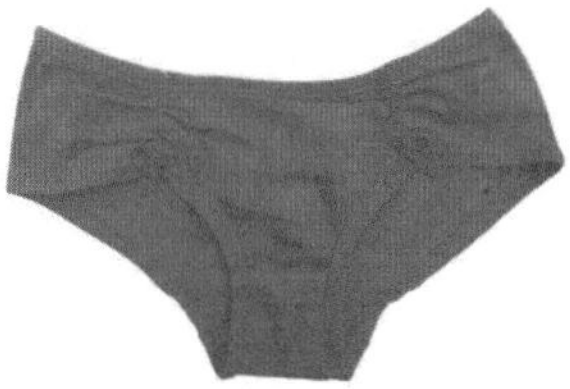
拉舍尔花边		 
刺绣花边		 
水溶花边		 

续表

名称	面料图示	使用示范
超细面料		

（1）文胸的杯面、侧比面、内裤用料：棉拉架、拉舍尔花边、刺绣花边、水溶花边、超细面料。

（2）文胸的后比用料：棉拉架、蕾丝花边、超细面料、锦纶网布。

（3）文胸的杯内，内裤底裆用料：棉汗布、竹碳纤维面料（图1-13）。

(a) 棉汗布　　　　　　　　　　　(b) 竹碳纤维面料

图1-13　文胸杯内，内裤底裆用料

（4）文胸常用辅料：钢圈、胶骨、模杯、捆条、鱼骨、毛布、背扣、定型纱、肩带扣、花牌、吊饰、织带等（表1-12）。

表1-12　文胸常用辅料

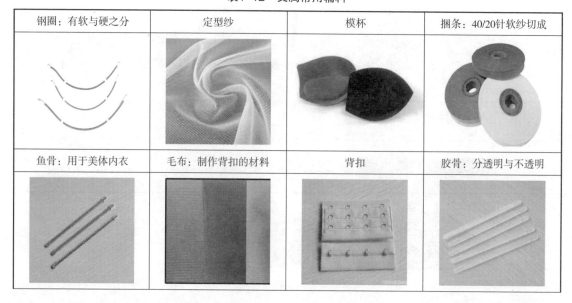

钢圈：有软与硬之分	定型纱	模杯	捆条：40/20针软纱切成
鱼骨：用于美体内衣	毛布：制作背扣的材料	背扣	胶骨：分透明与不透明

续表

吊饰	花牌	肩带扣：8字扣、9字扣、圆环扣	
织带：包括橡皮筋、包边筋、肩带、丝带等			
丝带	橡皮筋	包边筋	肩带

三、项目实训

　　请准确描述图 1-14 所示内衣上各数字所标示的文胸部位名称，并按照本项目所学习的内衣面、辅料知识，找出适合的面、辅料粘贴到材料卡上。利用周末，逛一逛面、辅料市场吧！

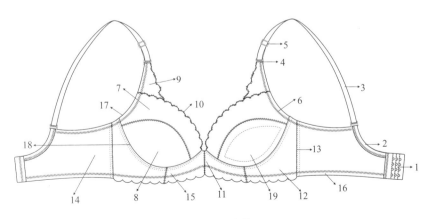

图 1-14　文胸

1. 部位名称： 材料粘贴处	2、3. 部位名称： 材料粘贴处	4. 部位名称： 材料粘贴处
5. 部位名称： 材料粘贴处	6. 部位名称： 材料粘贴处	7. 部位名称： 材料粘贴处
8. 部位名称： 材料粘贴处	9、10. 部位名称： 材料粘贴处	11. 部位名称： 材料粘贴处
12. 部位名称： 材料粘贴处	13. 部位名称： 材料粘贴处	14. 部位名称： 材料粘贴处
15. 部位名称： 材料粘贴处	16. 部位名称： 材料粘贴处	17. 部位名称： 材料粘贴处
18. 部位名称： 材料粘贴处		19. 部位名称： 材料粘贴处

任务二 织带与花边的设计

一、任务书

设计师收到了小丽贴好的新款材料卡感到非常满意，从中挑选了几款花边请小丽检查核实花边的各项数据并记录好以便下单时选用。其中有一款花边是作为本季主打的材料，设计师想按照此元素更改一系列类似风格的花边，这个任务也交给了小丽，她需要手绘两款花边图案交给材料开发部去打样，打样要求提供花边的各项数据及排列方式。

1. 任务要求

准确检测花边的各项数据，熟悉花边的种类。

2. 任务目标

重点掌握花边图案的排列方式，能独立测量花边的幅宽、花高、花距等数据。

二、知识内容

1. 花边的类别

花边是内衣重要的面料与饰物，由于花边的形式、组织结构、色彩的不同，因此花边对内衣款式与色彩都有很大的影响。目前应用较广的花边有：利巴花边、拉舍尔花边、刺绣花边（包括底网刺绣花边与水溶花边）三大种类。

（1）**利巴花边**：最多由200根花样线组成，花边立体感强，手感细腻，价格较高（图1-15）。

（2）**拉舍尔花边**：由70根左右的花样线织成，大批量机器化生产，价格较低，较粗糙（图1-16）。

（3）**刺绣花边**：花型繁多，形象逼真，富于艺术感和立体感。针法变化多样，可以自由调节花型的复杂细致程度，最大限度地满足客户对花型及成本的要求（图1-17）。

图1-15 利巴花边

图1-16 拉舍尔花边

图1-17 刺绣花边

2. 花边的数据与测量方法

花边运用在内衣上之前，需要进行洗水测试、顶破力测试、色牢度测试等，为了防止样品与大样出现失误，必须要测量好花边的基础数据，如图1-18所示。

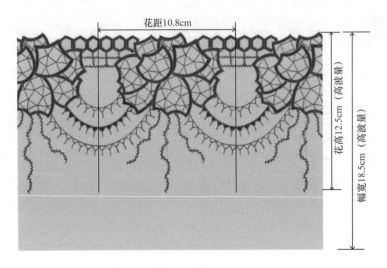

图1-18　花边的数据与测量方法

（1）**花距**：指花边中的主花之间的距离，也称"回位"，这是检测花边有无变形的依据。

（2）**花高**：主花的高度，通常是对高波测量。

（3）**幅宽**：整块花边材料的高度，不同的宽度价格会有浮动。

3. 花边的排列方式

花边是按照二方连续图案的规律排列的，二方连续图案是由一个或多个元素向上下或左右两个方向反复循环，连续而成的图案。排列方式有散点式、波浪式、直立式、倾斜式（折线式）、连锁式与综合式六种形式（表1-13）。

表1-13　花边的排列方式

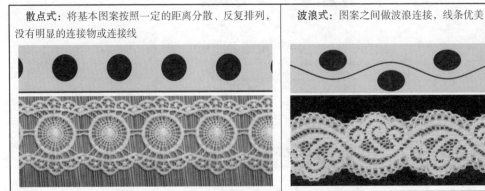
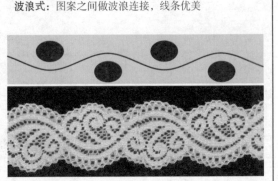

散点式：将基本图案按照一定的距离分散、反复排列，没有明显的连接物或连接线

波浪式：图案之间做波浪连接，线条优美

续表

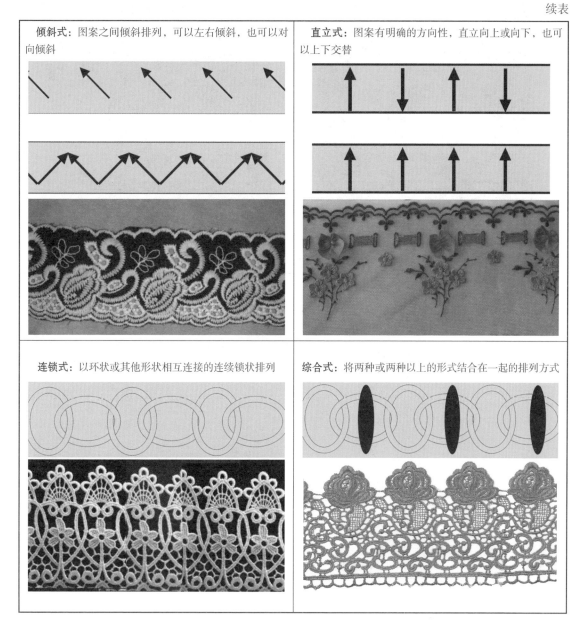

三、项目实训

请从图1-19、图1-20中提供的刺绣花边实物中的任何一款，根据该花样的感觉，设计一个花朵单位，并选取所学习的花边排列方式，设计出一款花边，需标示出花高、花宽、幅宽。

图 1-19　刺绣花边一

图 1-20　刺绣花边二

参考示范：

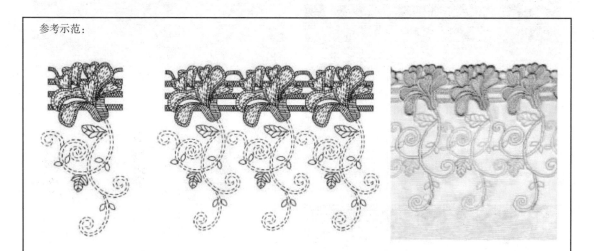

设计作品：

模块二

基础内衣设计

内衣设计要遵循一定的原则、风格和方法。内衣设计整体美感的产生与形成，离不开内衣工艺、装饰手法、形式美法则等设计方法。

只有掌握了科学的方法才能真正意义上实现设计、面料、色彩的协调结合，处理好内衣基本要素之间的相互关系，达到多种元素和谐统一。

项目设置

项目一：内衣设计原则与风格

项目二：内衣工艺与装饰手法

项目三：形式美法则在内衣上的运用

项目四：内衣部件设计

项目五：内衣款式设计

项目一：内衣设计原则与风格

一、任务书

经过三个月的试用期，小丽终于如愿以偿成为设计部的一名正式员工，设计师有意把正在开发的一个小系列交由小丽负责，但又担心她设计的产品不符合消费者需求，实用性不强，因此设计师需要对小丽进行一次考核，看她是否了解内衣设计的原则与风格，以及检查小丽的知识掌握度，然后再决定是否把设计任务交给她负责。

1. 任务要求

了解内衣设计的原则，对内衣设计七大风格准确定位。

2. 任务目标

能按照不同的设计风格设计出符合市场销售的产品。

二、知识内容

1. 内衣设计原则

内衣设计因其特殊性，它既要遵循一般服装设计的舒适性、合体性、卫生性与面料节约性原则，又要符合内衣强调的美体性、简化性、安全性、功能性原则，这样才能真正意义上实现设计、面料、色彩的协调结合。

（1）美体性原则：美体性原则主要体现在矫正人体体型，装饰人体两个方面，见表2-1。

表2-1　美体性原则

矫正人体体型		装饰人体	
	在健康、舒适的前提下，调整人体着装后形体的外观		强调简洁美，通过色彩、花边、图案等处理手法达到装饰人体的效果

（2）简化性原则：大多数内衣使用弹性面料，内衣的简化性原则主要体现在衣片结构的简化，衣片构成曲线的简化和配件构成的简化，见表2-2。

表2-2 简化性原则

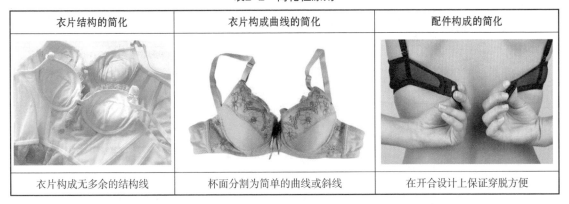

衣片结构的简化	衣片构成曲线的简化	配件构成的简化
衣片构成无多余的结构线	杯面分割为简单的曲线或斜线	在开合设计上保证穿脱方便

（3）**安全性与功能性原则**：内衣有保护身体不受外界伤害的作用，而功能性则体现在对女性乳房的保健作用上，见表 2-3。

表2-3 安全性与功能性原则

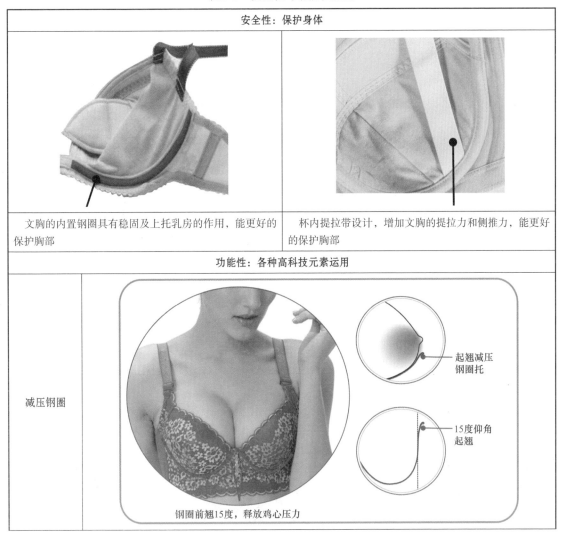

安全性：保护身体	
文胸的内置钢圈具有稳固及上托乳房的作用，能更好的保护胸部	杯内提拉带设计，增加文胸的提拉力和侧推力，能更好的保护胸部
功能性：各种高科技元素运用	
减压钢圈	钢圈前翘15度，释放鸡心压力 起翘减压钢圈托 15度仰角起翘

续表

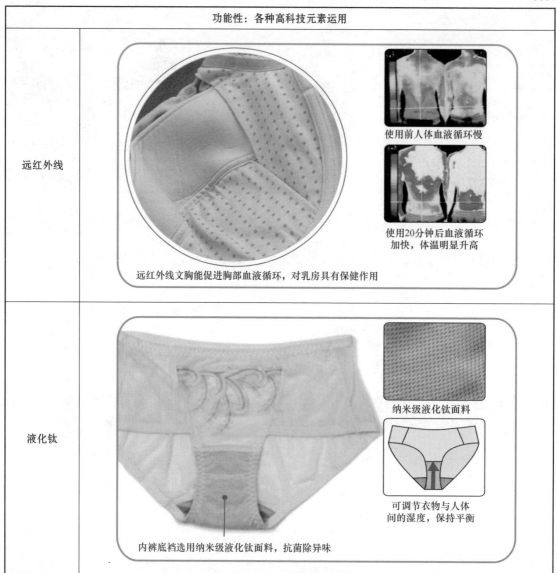

功能性：各种高科技元素运用	
远红外线	远红外线文胸能促进胸部血液循环，对乳房具有保健作用 使用前人体血液循环慢 使用20分钟后血液循环加快，体温明显升高
液化钛	内裤底裆选用纳米级液化钛面料，抗菌除异味 纳米级液化钛面料 可调节衣物与人体间的湿度，保持平衡

2. 内衣设计风格的分类（表2-4）

内衣从设计风格上可以分为七大类，分别是：清纯型、浪漫型、功能型、华贵型、东方型、情趣型与个性型。不同的内衣品牌会根据各自消费人群的不同而定义为不同风格。

表2-4 内衣设计的七大风格

风格	设计要素
清纯型：针对少女，青少年而设计，款式简单，给人以青春洋溢、活泼的感觉	**造型特点**：多用简洁、流畅的线条，廓型自然柔和，无过多花边装饰和结构变化 **色彩**：各种粉色和浅色系列组合 **图案**：格子、条纹、花朵等简洁图案 **材料**：纯棉针织面料或肌理平实的弹性面料

风格	设计要素

浪漫型：适合年轻女性穿着，表现出女性妩媚动人	**造型特点**：廓型多样，常用花边装饰，或运用结构变化营造效果 **色彩**：粉色系或艳丽的纯色组合 **材料**：飘逸、柔软的纱质面料或带光泽感的弹性面料

风格	设计要素

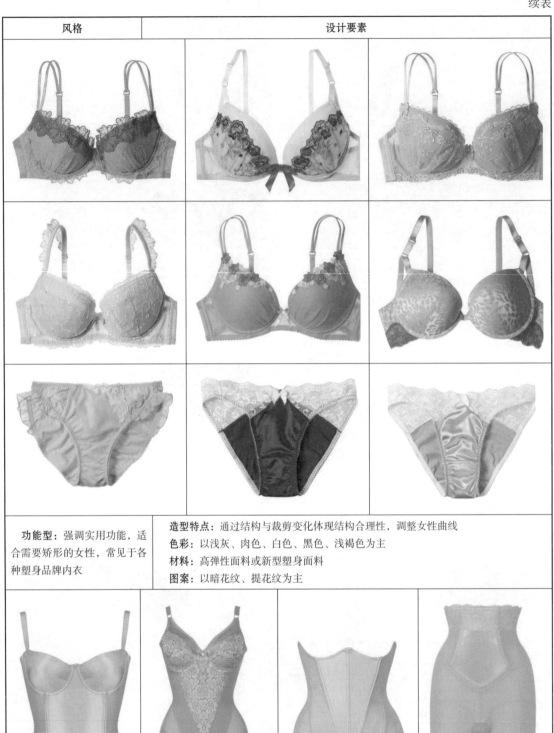

| **功能型**：强调实用功能，适合需要矫形的女性，常见于各种塑身品牌内衣 | **造型特点**：通过结构与裁剪变化体现结构合理性，调整女性曲线
色彩：以浅灰、肉色、白色、黑色、浅褐色为主
材料：高弹性面料或新型塑身面料
图案：以暗花纹、提花纹为主 |

风格	设计要素
华贵型：强调女性成熟、高雅的独特魅力，适合30岁以上的年龄层次，价格相对较高	**造型特点：**线条优美，装饰精美，多用镂空花边表现层次和美感 **色彩：**以酒红、青莲、紫红、黑色、粉橙等高贵的颜色为主 **材料：**偏好大面积多色蕾丝花边，精美的刺绣做装饰。底料多使用爽滑的真丝，以及富贵的丝绒或通透的薄纱 **图案：**S曲线造型，层次丰富，色彩华丽

续表

风格	设计要素
东方型：喜爱传统文化服饰的女性，体现含蓄、细腻的风格，最常见于春节红运系列内衣	**造型特点**：蕴含东方内衣的设计元素，运用中国特有的肚兜、抹胸等传统元素进行设计 **色彩**：以中国红、黑色、青色、褐色等东方民族传统颜色为主 **材料**：真丝、丝绒或薄纱等面料 **图案**：东方典型图案元素，如牡丹、龙凤、云纹、团花、水墨画等

南海区盐步职业技术学校学生东方型创意内衣作品《敦煌之梦》

续表

风格	设计要素
情趣型：情趣型内衣能激发人们的思想情感，体现情感所表达的格调、趣味等	**造型特点**：线条性感奔放，以多种形式的镂空以及蕾丝等夸张、刺激的手法来表现女性的性感 **色彩**：以大红色、黑色、湖蓝色等艳丽、刺激的颜色为主 **材料**：薄纱、皮革、羽毛、蕾丝等材料

风格	设计要素
个性型：具有鲜明的特征，新潮而夸张	**造型特点**：视觉效果充满变化、趣味、夸张、新奇、个性 **色彩**：独特而丰富的色彩 **材料**：皮革、毛织物、金属扣等

 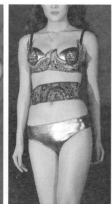  

南海区盐步职业技术学校学生个性型内衣设计作品

3. 素材收集与元素提取

了解了内衣设计的原则与风格后，如何设计出符合消费需求风格的内衣是每个设计师都要思考与解决的问题。很多设计师在设计款式时总感觉脑袋一片空白，想不出创新的款式，这就是因为平时素材积累得过少的缘故。一个优秀的设计师要做到细心，有意识地进行知识积累，培养自己的观察能力，将内衣图片素材中最主要的"款式"、"色彩"、"材料"的共性提取出来，结合市场流行趋势进行创新设计。

（1）善用思维导图。思维导图又叫心智图（图 2-1），是表达发射性思维有效的图形思维工具。它简单却极其有效，充分运用左右脑的功能，利用记忆、阅读、思维的规律，协助人们在科学与艺术、逻辑与想象之间平衡发展，从而开启人类大脑的无限潜能。

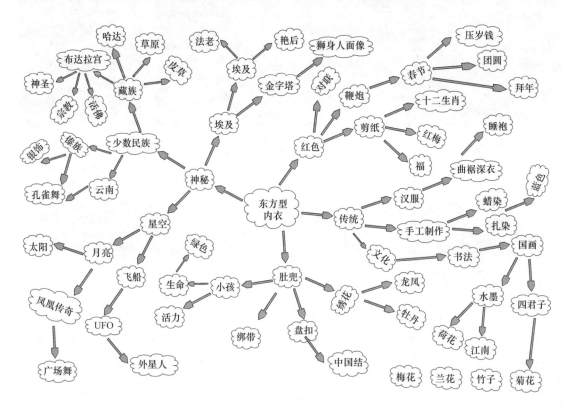

图 2-1　以"东方型内衣"发散的思维导图

通常我们在发散思维进行思维导图训练时，我们可以联想到许多的东西，其中有一部分联想的元素是可以用于设计的，我们称之为有效思维。另外，还有一部分是无意义或价值的，我们称为无效思维。在思维导图完成后，我们需要找出其中的有效思维，根据其有效元素去收集资料与素材。

（2）**收集素材，制作主题板**。通过思维导图确定所需要的设计元素后，则需要通过互联网、书籍、杂志等途径收集与之相关的素材，包括细节、色彩、结构、文化内涵等。当资料收集到一定量时，则可以汇总成主题板的形式呈现。表2-5是在"东方型内衣"发散思维导图中，选取"刺绣"一词所制作的主题板。

表2-5　"刺绣"元素主题板

灵感来源	
	在复古内衣的启发下，以精致刺绣图案为灵感来源
面料与图案	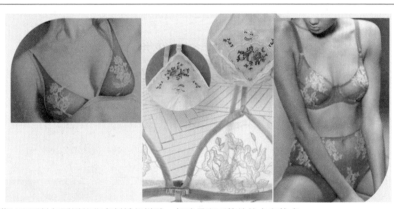
	用细腻的蕾丝和网料与厚厚的花卉刺绣相拼贴，打造柔和而简约的内衣款式
色彩廓型细节	
	采用经典的咖啡色、藕色、香槟色，并点缀具有现代感的丝绒绿。在款式细节上，可使用凸显复古风格的美丽蕾丝搭配性感的后背镂空，并装饰天鹅绒的缎带

（3）**素材的提取与再造**。素材收集好后，根据设计的需要，对素材中的元素进行提取与再造，并需要结合流行趋势与市场需求，最终应用到新的设计中。

①**素材的提取与再造示例** 1，如图 2-2 所示。

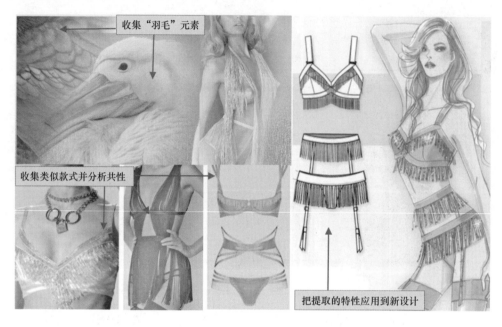

图 2-2　以羽毛为元素设计的内衣

②**素材的提取与再造示例** 2，如图 2-3 所示。

图 2-3　以蓝印花布为元素设计的内衣

三、项目实训

1. 思维导图练习

当说到"浪漫"一词时，你会想到什么？玫瑰花？爱情？还是婚礼？教堂？又或者是其他类别的元素？假设你现在要设计一组浪漫型内衣，请参考"东方型内衣"发散思维导图的制作方法，把你对浪漫型内衣这一主题的发散思维过程记录在下面。

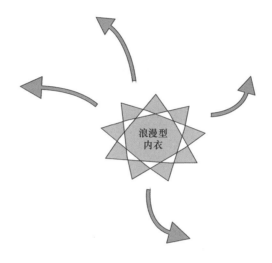

2. **主题板制作**

在完成的思维导图中，选取适合用于浪漫型内衣设计的元素，收集素材与资料，根据所学习的方法制作一个主题板（以电子版形式上交）。

3. **按照素材的提取与再造方法，以玫瑰为灵感素材进行浪漫型内衣设计**

设计作品：

项目二：内衣工艺与装饰手法

一、任务书

小丽掌握了内衣设计的原则与风格，顺利地通过了设计师的考核，她针对设计师给出的任务绘制了一系列的设计草图，设计师都不是很满意。设计师指出，小丽的设计作品缺乏设计亮点，款式单一，某些局部位置的工艺在实际样板制作中是很难缝制的，不符合生产要求。另外，小丽需要更深入地了解内衣缝制工艺与装饰手法，才可以设计出更优秀的作品。

1. 任务要求

了解内衣工艺手法；熟悉文胸各部位的最佳缝制工艺，并能利用各种装饰材料丰富款式造型。

2. 任务目标

着重掌握内衣造型的装饰手法，能保证工艺与装饰手法与内衣设计风格保持一致。

二、知识内容

内衣的缝制工艺与装饰手法是一种有序、统一的手法，以达到整体协调的视觉效果。针对清纯型内衣进行设计时，偏好使用简单的缝线装饰；浪漫型内衣则会搭配各种花饰与荷叶边，在缝制工艺上喜好运用抽纱、褶饰等手法来协调内衣造型。

1. 缝制工艺

内衣因贴合人体，缝制工艺需尽量简单，在不影响穿用效果的前提下，缝口应平顺服帖。因此设计师需要根据内衣款式、面料质地、对内衣的缝合部位设计相应的缝制方法，内衣常用线迹及使用部位见表表2-6。

表2-6　内衣常用线迹及使用部位

名称	使用部位图示
单针人字线迹	**单针人字线迹：**常用于文胸上下比橡皮筋、肩带、收腹裤腰头

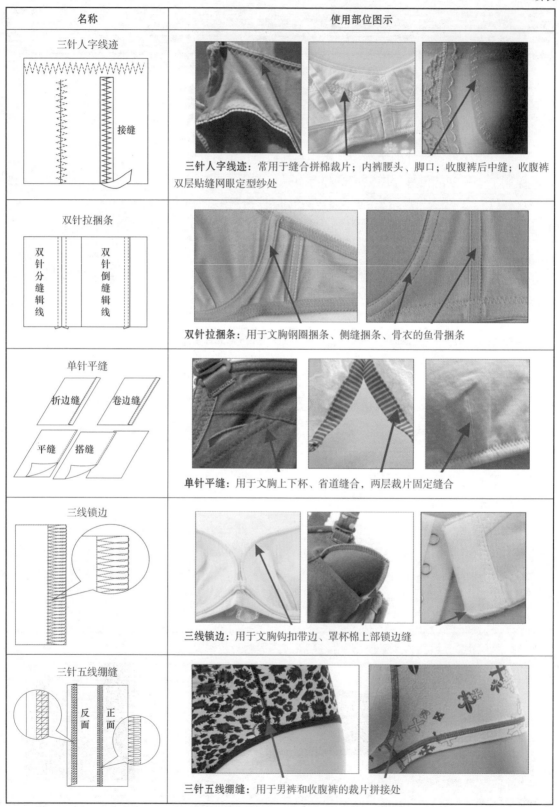

名称	使用部位图示
三针人字线迹	**三针人字线迹**：常用于缝合拼棉裁片；内裤腰头、脚口；收腹裤后中缝；收腹裤双层贴缝网眼定型纱处
双针拉捆条	**双针拉捆条**：用于文胸钢圈捆条、侧缝捆条、骨衣的鱼骨捆条
单针平缝	**单针平缝**：用于文胸上下杯、省道缝合，两层裁片固定缝合
三线锁边	**三线锁边**：用于文胸钩扣带边、罩杯棉上部锁边缝
三针五线绷缝	**三针五线绷缝**：用于男裤和收腹裤的裁片拼接处

2. 装饰手法

内衣的装饰手法是指与内衣造型有关的工艺，如印花、刺绣、滚条、荷叶边、造花及拼贴等工艺技巧，另外，还可以利用配件中的肩带、橡皮筋带、钩扣等装饰材料来达到造型的美观与独特。

（1）**立体法（表2-7）**：指在平面的内衣外观上进行空间的改变，主要利用皱褶、堆积、造花、起骨等手法形成立体状，具有强烈的空间感。此类设计手法常用于浪漫型内衣与个性型内衣。

表2-7 内衣装饰手法——立体法

皱褶：指在造型时将面料抽缩固定缝合，使面料呈现无规律感

堆积：通过面料折叠的手法达到造型外观的立体感

造花：用各种材料做出装饰花或蝴蝶结缝制在内衣上，这种方法装饰感强，部位突出

续表

起骨：用车线、埋绳、折叠的方法使内衣表面出现线状的突起效果

  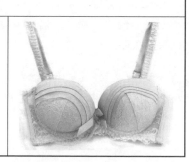

（2）加法设计（表2-8）：指用单一的或两种以上的材质在现有面料或款式的基础上进行车缝、贴补、刺绣等工艺手段，以形成多层次的设计效果。常见的有线迹装饰法、绣花装饰法、烫贴装饰法、印染法、镶嵌法、镶拼法等。这些设计手法常用于东方风格型内衣、华贵型内衣与清纯型内衣。

表2-8　内衣装饰手法——加法设计

线迹装饰法：采用具有特色的车缝线对内衣进行装饰		

绣花装饰法：有贴布绣、珠片绣、刺绣等，使用不同的方法呈现的效果各具特色		
刺绣	贴布绣	珠片绣

烫贴装饰法：用特殊材料做成各种花型，经高温将图案烫贴于内衣所需部位		
烫金	烫画	烫钻

镶嵌法： 通过镶嵌一种与内衣本身色彩不同的织物来形成对比效果，常用于文胸杯口，底边或接缝处

镶拼法： 根据内衣的拼接部位与设计意图，利用不同面料进行镶拼形成对比效果

| 异质料镶拼 | 异质料镶拼 | 装饰性镶拼 |

| 异色料镶拼 | 异色料镶拼 | 边角料镶拼 |

饰带法： 在内衣表面装饰条带织物，常见的各种丝带、织带与橡皮筋

印染法： 有机印与手工印染两种，手工印染常见有扎染、蜡染与手绘三种方式

| 机印 | 手绘 | 扎染 |

续表

饰品装饰法：用各种材料做成蝴蝶结、玫瑰花或其他配饰，缝在内衣某些部位做装饰

（3）**减法设计**（表2-9）：运用剪切、透视等设计手法，使内衣外观呈现出有实、有虚、破坏、不完整的特征，此类手法常用于情趣型内衣、个性型内衣设计。

表2-9　内衣装饰手法——减法设计

剪切：采用裁剪技术，把完整的内衣进行切割破坏，形成特殊的效果
透视：根据设计对内衣局部挖空后拼接半透明面料

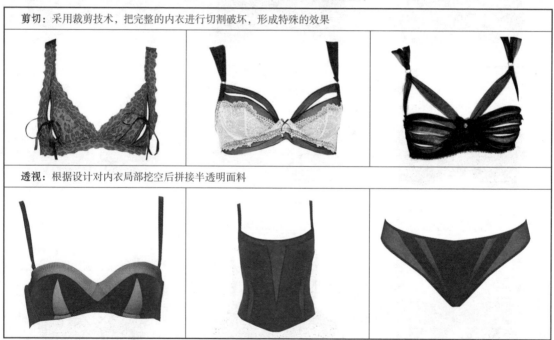

　　总之，内衣的穿用功能决定了其款式设计要以实用、简洁、大方为原则，利用装饰工艺来突出内衣的某些部位，以达到视觉的美观。同时也要注意装饰工艺要与内衣的造型特征、风格、穿用功能相统一协调，从而达到美的设计效果。

三、项目实训

1. 收集资料

收集资料并以图片的形式说明各种装饰手法在内衣设计中的运用，上交电子版给教师。

同时思考此类装饰手法适合用在什么风格的内衣设计中，同时按照适合的装饰手法改良上节课所绘制的浪漫型内衣。

浪漫型内衣改良的部位与理由：

2. 缝制工艺应用

请按照本项目所学习的内衣工艺手法，完善图 2-4 所示文胸正面与背面的缝制工艺线迹，并标示出缝制工艺名称。

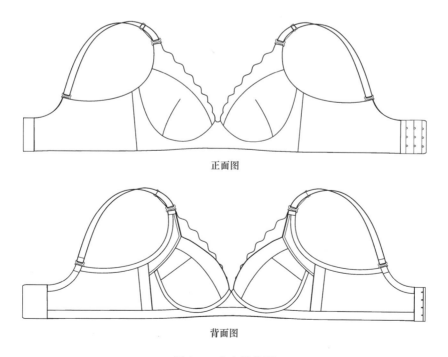

正面图

背面图

图 2-4　内衣结构图

3．装饰方法应用

按照模块二项目一中所学习的 7 种内衣风格，自由选取其中 3 种内衣风格进行装饰设计，并文字说明选用的装饰手法。

示例（表 2-10）：

表2-10　内衣风格设计示例

款式图	选用风格与装饰手法
	风格：清纯型内衣
	装饰手法： 1.镶拼法（异色料相拼） 2.镶嵌法 3.花牌装饰法 4.印染法（机印）

设计作品1：

款式图	选用风格与装饰手法
	风格：
	装饰手法：

设计作品2:

款式图	选用风格与装饰手法
	风格:
	装饰手法:

设计作品3:

款式图	选用风格与装饰手法
	风格:
	装饰手法:

项目三：形式美法则在内衣上的运用

一、任务书

经过对内衣工艺与装饰手法知识的学习，小丽的设计作品开始成熟起来，按照设计师要求所绘制的款式草图都得到了认同。但是跟有经验的设计师相比较，还是显得较为生硬，小丽需要对自己的设计作品进行完善，以求达到完美的效果，这就需要小丽掌握内衣设计中形式美法则的运用。

1. 任务要求

了解内衣设计的形式美法则并学会应用。

2. 任务目标

重点掌握形式美法则的应用，并能独立使用形式美法则改善设计作品。

二、知识内容

形式美法则广泛的存在于大自然中（图2-5），它是人们对美法则的规律的总结。形式美法则被广泛运用于艺术创作与外观设计中。

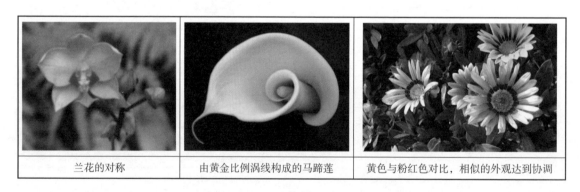

| 兰花的对称 | 由黄金比例涡线构成的马蹄莲 | 黄色与粉红色对比，相似的外观达到协调 |

图2-5 形式美法则

形式美法则主要包括对称均衡、单纯齐一、调和对比、比例、节奏韵律和多样统一等几种形式，内衣设计中最常用的形式美法则有以下几种形式。

1. 对称的应用

人的体型大致是左右对称的，在内衣设计中对称是最普遍的形式，具有大方、稳定、理性的特征，常见的有左右对称、局部对称两种形式（表2-11）。

表2-11 对称在内衣上的运用

左右对称： 在视觉上会显得有点呆板，可通过色彩对比、材质组合来弥补

局部对称： 在整体的某一个局部采取对称呼应，一般可利用服饰配件来达到。如示图中利用印花、扣件、蕾丝花边拼接的方式来达到款式的上下对称呼应

2．均衡的应用

均衡不是绝对的对称，但是在分量上却保持平衡的相对对称状态，主要以变化位置、调整空间和改变面积来取得视觉的平衡感。

（1）**位置的选择：** 主要在肩、胸与领口等视觉点，利用拼贴、镶嵌等手法来协调视觉空间。

（2）**色彩与图案的搭配处理（表2-12）：** 在内衣上下、左右、前后部位利用内衣主体色彩、配件色彩的呼应与穿插以及图案的搭配来达到均衡。

3．对比的应用

对比是将两种不同的事物排列在一起形成的直观效果。在内衣设计中，通过运用对比的方式来突出和强化设计意图，但若对比过于强烈，则会没有统一感，所以一定要在均衡统一的前提下追求对比。对内衣造型来说，对比主要运用在以下两方面。

（1）**色彩对比（表2-13）：** 利用色彩的冷暖、明暗形成有序的对比关系。在色彩处理时应注意对比双方的面积比例，通常内衣设计中高纯度、高明度的色彩用于局部结构，如滚边、花牌、肩带等部位。

表2-12　均衡在内衣上的应用

在杯面缝制与肩带同色的蝴蝶结，以达到视觉平衡	在文胸装饰同色的纽扣，以达到视觉平衡

在内裤腰头橡皮筋印上与文胸面料一致的图案，以达到内衣上下的统一	内裤两侧的绑带采用与文胸面料一致的图案，以取得上下视觉上的均衡	在文胸后比使用与内裤面料一致的图案，以达到内衣上下的统一

表2-13　色彩对比在内衣上的应用

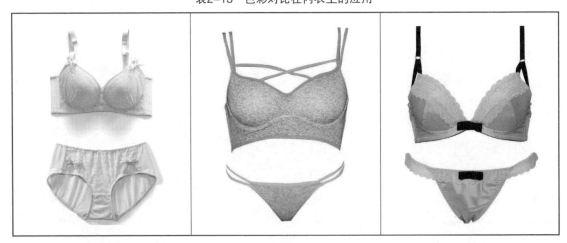

（2）**面料对比**（**表2-14**）：内衣面料的肌理非常丰富，在设计中常运用此对比方式，如细腻与粗犷面料的对比，薄透与厚实面料的对比等，使内衣造型能体现不同个性的审美。

表2-14　面料对比在内衣上的应用

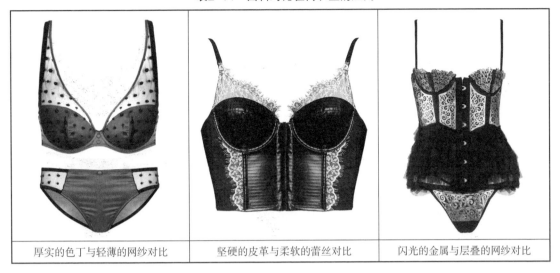

厚实的色丁与轻薄的网纱对比	坚硬的皮革与柔软的蕾丝对比	闪光的金属与层叠的网纱对比

4. 调和的应用

事物中存在的几种构成要素之间在质与量上要保持一种秩序关系，这种状态就是调和。内衣强调立体形态，其美感要体现在各个角度，调和在内衣上的运用主要体现在以下两方面。

（1）**整体结构协调**（表2-15）：整体结构协调应用在款式上表现为上下、前后结构分割线的处理上。

表2-15　调和在内衣上的应用

交叉结构设计从上延伸至下方，以便在视觉上形成统一感	连体衣杯面装饰层叠蕾丝花边，在下摆也设计装饰，以便在视觉上形成统一感	塑身胸衣前身腰节处断开，则后身腰节处同样断开，以便在视觉上形成统一感

（2）**局部协调**（表2-16）：在内衣的局部结构上，如前片、腰头等位置用相似的造型达到协调的效果。

表2-16 调和在内衣上的应用

文胸杯口装饰深色丝带，在内裤上同样也要装饰深色丝带，以达到整体协调	文胸杯面装饰刺绣花朵，在内裤右侧同样装饰刺绣花朵，以达到整体协调	内裤两侧装饰与文胸侧比相似的花朵，以达到整体协调

三、项目实训

1. 以摄影的方式记录自然界中符合形式美法则的事物

自然界充满了形式美，许多的创作灵感都来源于大自然，学会发现生活中的形式美更利于设计审美的提高，请通过摄影的方式，把生活中的符合形式美法则的事物拍摄下来，并加以分析说明，以电子版的形式交给教师。

2. 形式美法则在内衣设计中的应用

请在表2-17中提供的款式模块上，分别选用对称、均衡、对比与调和的形式美法则设计内衣作品，也可结合两种以上的形式进行设计。

表2-17 形式美法形在内衣设计中的应用

模板示意图	运用＿＿＿＿对比与对称＿＿＿＿形式进行设计

运用＿＿＿＿＿形式进行设计	运用＿＿＿＿＿形式进行设计

3. 修改完善自己设计的作品

形式美法则是所有设计中的普遍美学规律，服装设计中的款式、色彩、图案、面料设计都可以用形式美法则来令设计更具美感，符合大众审美需求，也更易被消费者接受。请按照本项目学习的形式美法则对自己设计的作品进行修改完善，并将修改完善前后的作品做比较，交由同学评定，看修改后作品是否更符合大众美学。

修改完善前	修改完善后

项目四：内衣部件设计

一、任务书

小丽运用形式美法则对自己的设计作品进行了修改完善，最终通过了设计师的审核。设计师对小丽的表现非常满意，准备再交给小丽一些设计任务。小丽需要了解更多的内衣设计知识，让每个系列作品都有独特的设计卖点，这就需要小丽掌握内衣各个局部的部件设计，使设计出的作品能达到更高的层次。

1. 任务要求

了解内衣各部件的功能，学会如何进行实用性与装饰性设计。

2. 任务目标

参考各部件的设计实例，独立进行各种内衣部件的设计。

二、知识内容

1. 罩杯设计

罩杯是文胸的主体部分，主要作用是包容和支撑乳房、塑造胸部曲线。罩杯的设计是内衣款式设计中最重要的部位，大多数款式设计的亮点与功能卖点都集中在该部位，罩杯设计分为外观设计与内部结构设计两部分。

罩杯的外观设计分为两种：一种是改变罩杯本身的外观形状，以达到设计的创新，此设计要求在创新的同时兼具实用功能（图 2-6）。另一种则是通过在罩杯表面进行各种装饰设计，以达到视觉的美观（图 2-7）。而罩杯的内部结构设计则需要具备实用功能，如图 2-8 所示。

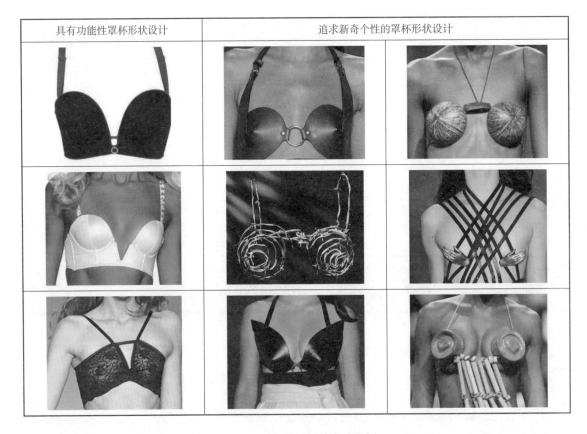

图 2-6　罩杯外观形状设计实例

图 2-7　采用各种装饰手法设计的罩杯实例

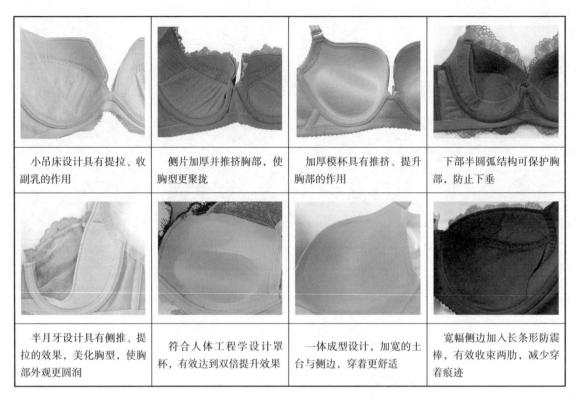

小吊床设计具有提拉、收副乳的作用	侧片加厚并推挤胸部，使胸型更聚拢	加厚模杯具有推挤、提升胸部的作用	下部半圆弧结构可保护胸部，防止下垂
半月牙设计具有侧推、提拉的效果，美化胸型，使胸部外观更圆润	符合人体工程学设计罩杯，有效达到双倍提升效果	一体成型设计，加宽的土台与侧边，穿着更舒适	宽幅侧边加入长条形防震棒，有效收束两肋，减少穿着痕迹

图 2-8 具有各种功能性的罩杯内部结构设计实例

2. 肩带设计

文胸的肩带按其穿着后的状态可分为侧带型、环带型、一体连接型等，按功能分有普通型、加宽型与防滑型等，如图 2-9 所示。

一体连接型	防滑型/侧带型	一体连接型	加宽型/一体连接型
普通型/侧带型	环带型	环带型	环带型

普通型/侧带型	普通型/侧带型	普通型/侧带型	普通型/侧带型

普通型/侧带型	一体连接型	防滑型/侧带型	一体连接型/加宽型	普通型/侧带型

环带型	环带型	环带型	环带型	环带型

图 2-9　肩带的设计实例

3. 后拉片设计

后拉片又称为侧比、翅子，它是文胸对胸部施力的主要部分，一般用弹力面料制作，既要保证文胸有力束紧胸部，又可使穿脱方便。

后拉片按后中心造型分"直比"与"U 比"两种，常规文胸的后拉片形状变化不大，本处实例主要是个性型内衣、华贵型内衣与情趣型内衣的后拉片设计（图 2-10）。

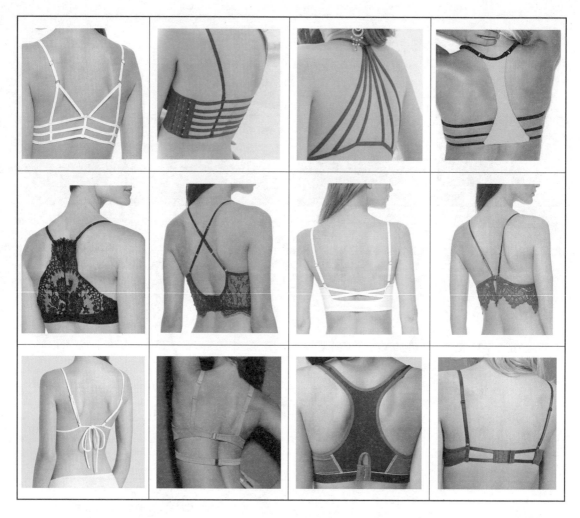

图 2-10　后拉片的设计实例

4. 鸡心设计

鸡心用来连接左右罩杯，起到固定的作用，按形态可分为高鸡心、低鸡心、连鸡心，还有有下巴鸡心和无下巴鸡心，如图 2-11 所示。

有下巴高鸡心	无下巴低鸡心	无下巴连鸡心

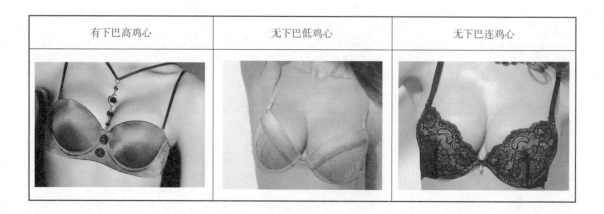

其他变款鸡心

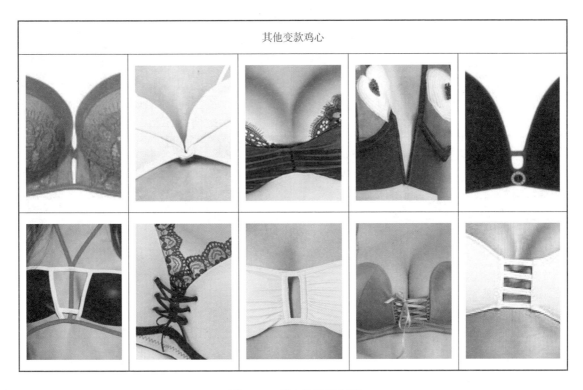

图 2-11 鸡心的设计实例

5. 扣件与花牌设计

扣件是常用的内衣配件，通常连接肩带与罩杯使用 8 字扣、9 字扣和圆环扣。花牌包括花仔与吊饰，常钉缝在内衣前中做装饰。除此之外，孕妇哺乳文胸、前扣式文胸等内衣的扣件也与常规的扣件有所不同，如图 2-12 所示。

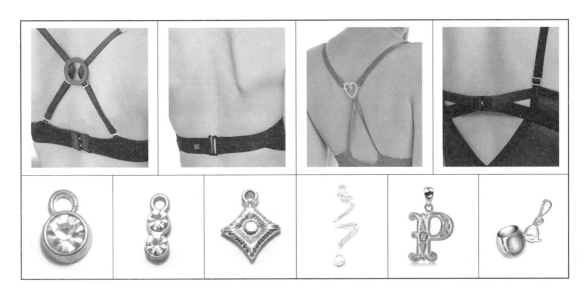

图 2-12

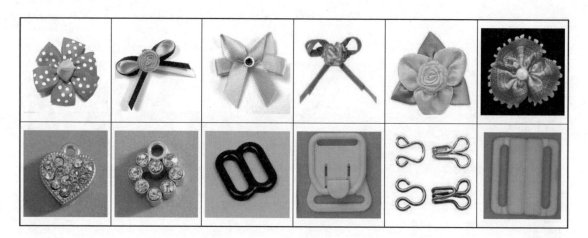

图 2-12　扣件与花牌设计实例

三、项目实训

请收集大量文胸款式资料，提取各部件的设计亮点进行参考，运用手绘的方式做以下部件设计，每种类型设计三款。

部件类型	手绘部件图
罩杯设计 （外部装饰）	

部件类型：	手绘部件图
罩杯设计 （内部结构）	

部件类型	手绘部件图
鸡心设计	

部件类型	手绘部件图
后拉片设计	

部件类型	手绘部件图
肩带设计	

部件类型	手绘部件图
扣件与花牌	

项目五：内衣款式设计

一、任务书

经过一系列的训练，小丽了解了内衣材料，掌握了内衣设计的原则、风格、工艺、装饰手法，并能运用形式美法则修改完善作品，内衣的局部设计细节也很到位。小丽基本上已经达到了一名合格的内衣设计师的基本要求。但美中不足的是，小丽设计的速度比较其他设计师要慢很多。为了进一步培养小丽，设计师为小丽提供了大量的内衣款式图，并教她运用一些科学有效的设计方法来训练设计速度，以早日达到设计师的要求标准。

二、知识内容

1. 内衣款式设计的思维方式（表2-18）

要设计出一款能得到市场认同的优秀内衣款式是非常不容易的，对于内衣设计师来说，一个让人眼前一亮的款式除了需要设计师具备扎实的造型能力与精巧构思之外，还需要懂得从现有的流行款式中进行借鉴与参考，从而设计出符合市场需求的产品。

在内衣设计的构思中，我们常用以下的几种思维方式对款式进行构思，其思维方式实例如表2-18所示。请尝试在阅读表2-18时，仔细体会设计师在构思款式时的思维方式。

表2-18　内衣款式设计的思维方式

正向思维：按照常规分析产品的特性，进行研究设计			
设计示范	参考版		款式分析： 1. 全罩杯包容性佳 2. 杯口上部拼接网纱性感、透气 3. 加宽前肩带的设计更舒适不勒肉
	设计版	 款1	 款2　　　　　款3
比较性思维：通过综合比较分析，对同一时期的同类型内衣产品进行取长补短，以产生新的设计，或对不同时期的内衣产品进行客观评价，以寻求设计的继承性与延展性			

续表

		款式分析： 1. 款1全件采用蕾丝花网，舒适透气，但塑身功能性不强 2. 款2下摆的设计浪漫独特，但不适合搭配日常穿着，实用性不佳 3. 款3强调功能性，但款式过于普通，不够美观
设计示范	参考版	 款1　　　款2　　　款3
	设计版	款式分析： 　局部采用了款1的蕾丝面料，舒适透气。下摆则运用了款2的设计手法，浪漫可爱，更符合少女品牌的束身衣风格，整件版型则参考了款3，塑身功能性较强

　　多向思维与侧向思维： 依据事物之间相互联系的规律，将内衣与服装以及其他造型艺术作为统一体，把其他艺术形式借鉴到内衣设计上，从而获得新的灵感思维方法。内衣的设计深受流行趋势影响，最常见的是借鉴运动服、休闲服的设计特点而进行设计，这是多向思维与侧向思维最典型的体现

设计示范	借鉴蛋糕甜美的色彩设计可爱型内衣 

设计示范	将戏剧脸谱纹样借鉴到内衣设计上

2. **内衣设计的方法**

款式设计体现着经验与平时的积累，所以需要阅览大量的款式图并动手实践才能在设计时得心应手。对于初学设计者，最有效的训练方法是多看、多临摹。在进行款式设计时一定要学会借鉴他人的优秀作品，取长补短设计出新的作品。而为了更有效率的进行内衣产品设计，我们常用以下几种方法来提高设计速度。

（1）同形异构法（图2-13、图2-14）：利用同一内衣外廓型进行多种内部线条分割的方法，俗称"篮球、排球、足球"式处理。运用此方法变化款式时需要注意内部结构线条需合理，与外部轮廓协调一致。

图2-13　同形异构法实物款式图

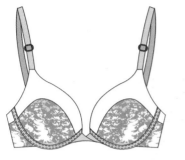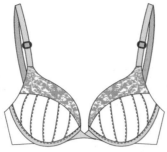

图 2-14　同形异构法结构图

（2）**局部改进法**：在基本不改变内衣整体轮廓的前提下，对相应的局部结构进行改进处理，以得到更统一和完善的产品效果，如图 2-15 所示。

图 2-15　局部改进法结构图与实物款式图

（3）**以点带面法**：从内衣配件着手，从而把握内衣整体造型的设计方法。此类方法常用于一些新式材料的推广，需要注意的是款式造型必须顺应配件的特色进行处理，如图 2-16 所示。

图 2-16　以点带面法实物款式图

（4）**素材构思法**：以某一时期或某一民族服饰图案为素材，借鉴其中某些元素（色彩、配件、风格），结合现代设计概念进行构思的方法（图2-17）。

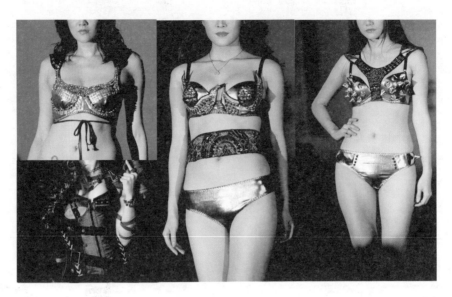

图2-17　借鉴了朋克服饰文化设计的内衣

（5）**主题构思法**：以某种具体的景观或事物（花朵、海滩、建筑）为设计元素（图2-18），根据对其的感官来构思内衣的造型，通过款式特征、面料肌理、图案色彩等方式体现出来（图2-19）。

图2-18　青花瓷

图2-19　以青花瓷为主题构思的内衣

（6）**意境构思法：**以某种抽象的事物（音乐、舞蹈、诗歌）为设计元素，根据对其的感觉来构思内衣的造型。通过款式特征、面料肌理、图案色彩等方式体现出来（图2-20）。

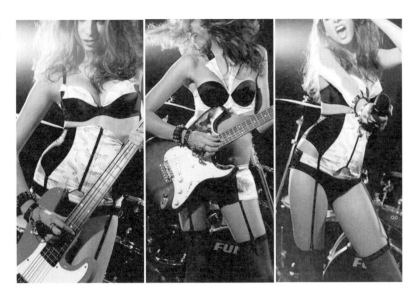

图2-20　以摇滚音乐为设计灵感构思的内衣

三、项目实训

1. 市场调查设计新款

3～5人组成一小组，在本地的内衣专卖商场中调查哪些内衣款式卖得好，并将畅销款式拍照记录下来。询问销售员款式畅销的原因，最后小组讨论此类款式在设计上出彩的地方，按照正向思维的方式，把畅销款式衍生出2～3种新款。

拍摄畅销款	畅销原因分析：
	1.
	2.
	3.
	4.

续表

设计的新款1	设计的新款2	设计的新款3

2. 借鉴某元素进行内衣设计

寻找感兴趣的事物，通过多样性思维，尝试把其元素以素材构思法或主题构思法的方式借鉴到内衣设计上面，可以借鉴色彩、配件、风格、材料、纹样、感觉等元素。

借鉴的事物图片	设计的新款
借鉴的事物图片	设计的新款

3. 临摹训练提高设计速度

训练自我的模仿能力，通过网络、杂志等途径收集大量的内衣款式图片，每天选择 1 ~

2 款内衣图片进行变款训练，主要采用同形异构法与局部改进法进行变款设计，注意设计的速度。另外需要结合之前项目学习的内容，完善款式的风格、面料、装饰手法等，设计出成熟的款式。

参考款式图	变化的新款	
参考款式图	变化的新款	
参考款式图	变化的新款	

模块三

美体内衣设计

　　美体内衣属于功能性内衣，它是汇集了医学、脂肪学、人体工学和专业内衣设计原理所研发出来的商品，它不是靠压迫身体来达到瘦身的目的，而是根据"脂肪移动原理"，轻柔地将流失、移位、下垂的脂肪补正、归回到正确的位置。因为经过了科学地设计和计算，所以它能够调整身材，固定脂肪，能扶正脊椎、矫正体态。

项目设置

项目一：束衣的设计

项目二：束裤的设计

项目一：束衣的设计

一、任务书

经过一段时间的工作锻炼，小丽对常规的文胸产品设计已经得心应手了，她设计的文胸款式也得到了设计部的一致认可。但小丽也存在设计短板，在设计系列款式时，当涉及到美体内衣产品，她则有种无从下手的感觉，目前小丽迫切需要完善自己有关美体内衣的产品知识，以便在日后的设计工作生涯中走得更高更远。

1. 任务要求

了解美体内衣的分类，准确把握美体内衣的设计要点。

2. 任务目标

依据人体脂肪的生长方向，充分考虑到人体各个部位应受的压力和特殊部位的生理功能，进行美体内衣设计，并设计出符合市场销售的产品。

二、知识内容

1. 美体内衣的分类

美体内衣的功能主要是塑造形体，它针对身体的胸、腰、臀等部位，起到矫正与塑造形体的功能。美体内衣按照塑造形体部位与塑型能力的不同，可分为以下几大品类：

（1）调整型文胸：可修饰女性胸部曲线，使胸部挺立，同时防止双乳外开、下垂（图3-1）。

宽肩带减轻肩部压力

提拉胸部曲线

棉混纺面料吸汗透气

侧拉片有效提升胸部，收拢腋下赘肉

图 3-1　调整型文胸

（2）**骨衣**：骨衣（图 3-2）又被称为连身文胸和半身文胸，它在原有的文胸塑型的基础上兼有收束腹部、调整曲线的功能。骨衣的定型束身功能主要依靠骨衣内的胶骨或钢骨材料来达到。

（3）**束衣**：分轻型束衣与重型束衣两大类，如图 3-3 所示，轻型束衣在造型和结构上变化较多，外观单薄轻盈，塑型功能相对较弱。

重型束衣也常称为胸腰腹三合一束衣，可调整胸、腰、腹三部位曲线，穿起来具有稳定性，不易松动，塑型效果佳。

（4）**束腰**：束腰可制造完美腰线，拉高腰的位置，控制胃、腹脂肪的囤积（图 3-4）。

图 3-2　骨衣

(a) 轻型束衣　　　　　　　　(b) 重型束衣

图 3-3　束衣

图 3-4　束腰

（5）束裤：用来抬高并制造浑圆臀型，同时可抑制小腹突出，长型束裤还能紧缩大腿赘肉、修饰臀部至大腿间的曲线（图3-5）。

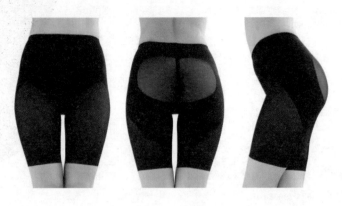

图3-5　束裤

2. 束衣的设计

（1）轻型束衣的设计要点：

①性感浪漫，装饰感强，花边的运用与装饰部位的选择是设计的重点。

②多采用花边与单层面料交错重叠而成，外观单薄轻盈。

③腰、腹部可采用斜裁方式，并用双层弹力布收紧，适合搭配礼服或贴体服装穿着。

轻型束衣款式分析（图3-6）。

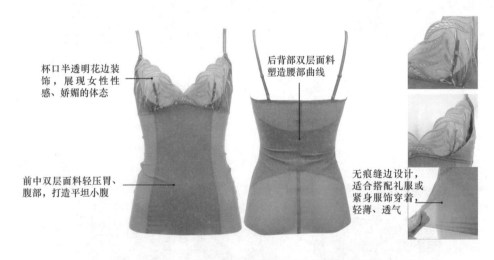

杯口半透明花边装饰，展现女性性感、娇媚的体态

后背部双层面料塑造腰部曲线

前中双层面料轻压胃、腹部，打造平坦小腹

无痕缝边设计，适合搭配礼服或紧身服饰穿着，轻薄、透气

图3-6　轻型束衣款式分析

（2）重型束衣的设计要点：

①文胸、腰封、束裤三合一，在设计时要充分考虑身体的长度与底裆的位置，底裆位置为开合结构或开裆设计。

②利用多层面料裁剪重叠，面料之间互相牵制，强化对胸、腰、臀曲线的塑造。

③弹力相对小，矫形能力强，常用的材料为弹力网、弹力面料、超薄弹力纤维织物、定

型纱等。

重型束衣款式分析（图3-7）。

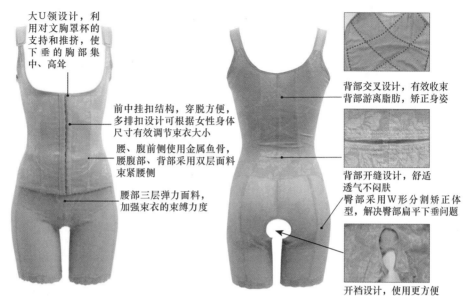

大U领设计，利用对文胸罩杯的支持和推挤，使下垂的胸部集中、高耸

前中挂扣结构，穿脱方便，多排扣设计可根据女性身体尺寸有效调节束衣大小

腰、腹前侧使用金属鱼骨，腰腹部、背部采用双层面料束紧腰侧

腰部三层弹力面料，加强束衣的束缚力度

背部交叉设计，有效收束背部游离脂肪，矫正身姿

背部开缝设计，舒适透气不闷肤

臀部采用W形分割矫正体型，解决臀部扁平下垂问题

开裆设计，使用更方便

图3-7 重型束衣款式分析

三、项目实训

1. 临摹各种款式束衣

美体内衣设计涉及人体工程学、力学、结构学与美学等多重领域。束衣的设计更注重的是结构、版型与创新面料的使用，优秀的束衣能更有效矫正身姿。

要想更好的设计出好的款式，需要从模仿开始。多看，多临摹各款束衣的结构分割，这样当要去设计一个款式时，各种各样的结构分割早已在脑海里成型供你选择发挥了。请尝试临摹两款轻型束衣和两款重型束衣，并分析其结构分割在束衣上所起到的作用。

2. 设计一组美体束衣

请独立设计一组美体内衣款式，并把它拿给教师检查是否有结构上的问题。

项目二：束裤的设计

一、任务书

通过上个项目的学习，小丽成功地设计了一系列的束衣款式，现在她需要为这些束衣搭配设计出合适的束裤款式，以便在销售时包装成套装来推销。所以，小丽需要再次完善自己束裤设计方面的知识。

1. 任务要求

了解束裤的分类，准确把握不同类别束裤的设计要点。

2. 任务目标

依据不同的臀部形状、腰部形状设计合适的束裤。

二、知识内容

1. 束裤的分类

束裤的种类很多，针对不同的女性体型，选择的束裤类别也不一样。

（1）按压力分类可分为：轻型束裤，加强型束裤，适中型束裤。

（2）按款式分类可分为：高腰型束裤，长身型束裤，束腹型束裤，提臀型束裤。

2. 束裤的设计（下表）

束裤的设计

轻型束裤的设计要点	1. 裁剪简单，款式大方，面料较轻薄 2. 多采用带弹性的单层面料制作，适合体型略有变化的女性 
加强型束裤的设计要点	1. 面料弹力较强，常采用多层面料缝制，收束力较强 2. 利用多层面料裁剪、重叠，面料之间互相牵制，强化对腰、臀曲线的塑造 3. 通常为长身，包腿设计，矫形效果好 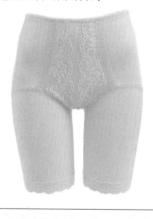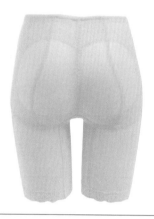
适中型束裤的设计要点	1. 双层面料缝制，矫形功能介于轻型束裤与加强型束裤之间 2. 部分结构可矫正和重塑人的形体，适合体型略有变化的女性 

高腰型束裤的设计要点	1. 针对腰部较粗、臀部下垂的女性 2. 通常在腰围正面、侧面进行双层设计 3. 腰线越高对腰部的修饰能力越强 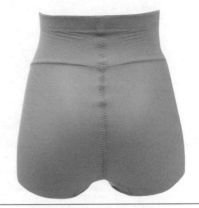
束腹型束裤的设计要点	1. 前片设计采用两层到三层的强弹力面料强行收紧腹部 2. 采用"菱形"收腹裁剪和多层重叠交错裁剪的方式束缚腰部  长身型束裤的设计要点 1. 针对臀部下垂、大腿较粗的女性 2. 对臀部具有矫形功能，收束力度强 

提臀型束裤的设计要点	1. 较厚的弹力面料从前片腰部斜拉侧缝，再围裹臀部下围至后中心线 2. 用一层弹力面料覆盖臀部，整体调整和提臀，部分款式后片会使用"U"字型或"W"字型的底衬，以达到将臀部整体上提的效果 

三、项目实训

1. 进行束裤款式设计

请设计三款束裤款式，分别为高腰型、束腹型、提臀型。

设计的作品（高腰型）	设计的作品（束腹型）	设计的作品（提臀型）

2. 临摹束裤款式并进行结构分析

请临摹轻型束裤、加强型束裤、适中型束裤各一款，并分析其结构分割在束裤上所起到的作用。

临摹的作品（轻型束裤）	临摹的作品（加强型束裤）	临摹的作品（适中型束裤）
临摹的作品（轻型束裤）	临摹的作品（加强型束裤）	临摹的作品（适中型束裤）

模块四

专题设计实例

通过前面的模块，我们已经学习了内衣的类别、使用材料、设计原则、风格和工艺缝制方法。学习基本知识最终目的是为了更好的设计出符合市场需求的产品。本模块主要讲解几种常见的内衣专题设计，通过本模块实例的学习，使设计师的作品更好地适应市场的需求。

项目设置

项目一：少女内衣设计

项目二：情趣内衣设计

项目三：节庆内衣设计

项目四：田园风格内衣设计

项目一：少女内衣设计

一、任务书

随着内衣市场的蓬勃发展，我国内衣市场每年销售额有 200 亿 ~ 300 亿元，其中少女内衣占有 30 多亿元的市场消费潜力。而目前只有为数不多的内衣品牌开发了相应的少女系列内衣，在内衣市场竞争日趋激烈的当下，尚未得到充分开发的少女内衣市场无疑是一个潜在的金矿。针对这一市场现象，小丽所在的内衣企业决定在本季度的新品开发中增加 3 ~ 5 个系列的少女内衣产品，而这一任务设计总监交给了小丽，这是小丽第一次独立负责一个完整的系列产品设计，小丽下定决心要好好研究少女内衣的相关知识，设计出优秀的作品。为此作了以下的知识储备。

1. 任务要求

了解少女体型特征，能按照少女体型特征进行内衣设计。

2. 任务目标

按照不同的类型风格设计少女内衣。

二、知识内容

1. 少女体型特征

少女体型特征主要表现在青春发育中期，是以第二性征发育为主，在这个时期，女孩的生理及心理都处于不稳定期，这是一个依赖性与独立性、幼稚性与自觉性并存的特殊而复杂的时期。在此时期，少女体型特征如图 4-1 所示：

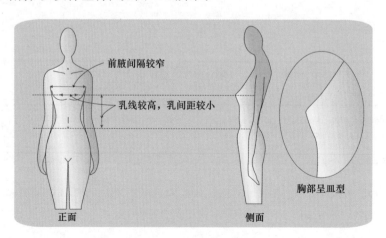

图 4-1　少女体型特征图

（1）少女乳房较高，乳间距较小，前腋间隔较窄，胸围通常在65～80cm，胸下围在50～70cm，乳房轮廓明显，呈较为扁平型。

（2）体型较圆厚，肩部窄，胸廓扁平，腰部收细。

（3）少女腹部在青春期以后渐平，到了中年才会因为脂肪堆积而微突。

2. 少女臀部特征（图4-2）

正常少女臀部的变化范围一般在80～98cm，如图4-2所示。10～13岁少女的臀部正面表现为纤细的直线型，侧面表现为扁平型，后面表现为直筒型；14～17岁少女的臀部表现为正面椭圆型，侧面标准型，后面蛋型；18岁后女性的臀部表现为正面苹果型，侧面尖翘型，后面甜椒型。

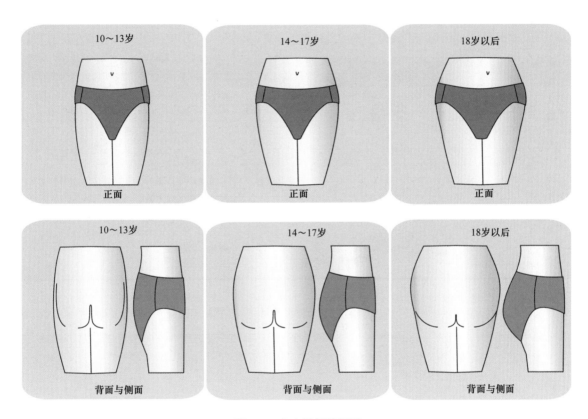

图4-2　少女臀部特征图

3. 少女内衣结构设计

（1）少女文胸的结构设计：少女文胸的结构设计需要按两个阶段进行，10～13岁的少女穿着背心式文胸，14～18岁的少女则需穿着带有罩杯设计的文胸。罩杯类少女文胸不仅在尺寸上不同于成人文胸，在设计要求上也不需要具备矫形、推挤胸型的作用。由于少女的胸部多为扁平型，少女文胸罩杯的宽度大多只有12～14cm，其结构特点是杯罩浅，以AA杯（上下胸围差7.5cm）和A杯（上下胸围差10cm）为主。

少女文胸除了传统的杯型外，还会根据少女追求美丽的心理设计"衬垫型"文胸、"前扣型"

文胸，见表4-1，少女文胸需要把胸部充分包裹并设计相应的结构托起胸部，能完全适应长期身体变化，属于轻压型内衣。

表4-1　少女内衣分类

背心式文胸		适合10~13岁的少女穿着：背心式文胸穿着柔软舒适，能充分包裹胸部。杯内附有薄衬，后背两侧接有弹性拉架布，用肩带和后背的扣钩固定，肩带和下围较宽，适合胸部较平的少女
衬垫型文胸		适合14~17岁的少女穿着：衬垫型少女文胸通过在杯罩内加衬垫，能使少女扁平的胸部在外观上看起来圆润挺拔，达到美化胸部的目的。衬垫有固定型和插片型2种
前扣型文胸		适合14~17岁的少女穿着：前扣型少女文胸将扣钩缝装至胸前，其拉力和其他文胸不同，将胸部向身体前片中间归拢，使胸点间距缩短，能矫正少女扁平的胸部外观，展现胸部丰满曲线

（2）少女内裤的廓型设计（表4-2）：根据少女体型的臀部特征，少女内裤的廓型设计上可以有低腰型、中腰型、高腰型，其他的内裤款型如比基尼型、丁字型等性感内裤则不适合少女穿着，此时少女的臀部较扁平，容易导致臀部下垂。

表4-2　少女内裤的廓型设计

低腰型：腰线在肚脐眼下8cm以下	**中腰型**：腰线在肚脐眼下8cm以内	**高腰型**：腰线在肚脐眼处或往上
低腰型内裤是少女们喜爱的款式。此时的少女腹部平坦，通过穿着低腰裤可以展示少女可爱、性感的身材	中腰型内裤是最常见的样式，穿着特性与高腰型内裤类似，属于舒适类的少女内裤	高腰型的内裤较为舒适，兼有保暖效果，对臀型的维护也较好，在少女内衣设计中常用于生理内裤

4. 少女内衣外观设计

少女的皮肤非常娇嫩，少女内衣贴身的部分应选择让皮肤呼吸顺畅的布料，在面料选择上，少女内衣多以纯棉布为主，棉布具有透气性和天然性，从美感来说，平纹棉布的印花效果和针织棉布的染色效果，都有一种天然青春气息，最适合作为少女内衣的面料，如图4-3所示。

另外，也可选择莱卡内衣，这种布料柔软、光滑并有弹性，有"第二层皮肤"的美誉，如图4-3所示。其他化纤原料，如涤纶、尼龙、氨纶类化纤原料，虽在弹性方面不如莱卡，但仍各自具有吸湿性、不变形、伸缩性等特点，如图4-3所示。中小品牌为了节约成本多采用这种面料设计内衣。

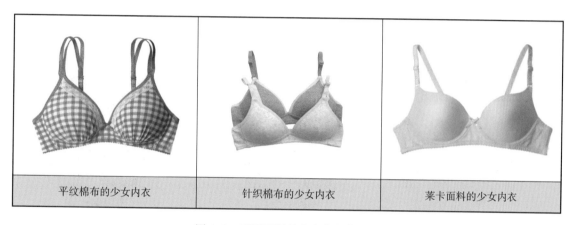

| 平纹棉布的少女内衣 | 针织棉布的少女内衣 | 莱卡面料的少女内衣 |

图4-3 不同面料的少女内衣外观图

在款式造型上，少女内衣的整体结构简单，线条简洁流畅，常采用小花仔、饰带装饰在内衣的肩部、胸前、裤侧处，肩带的变化比较多样。在色彩上，以粉色系和浅色系为主，也会运用流行色。图案以卡通、花朵、文字图案为主。少女内衣在风格上主要有以下几种造型（表4-3）：

表4-3 少女内衣的五大风格

自然柔和的清纯型		

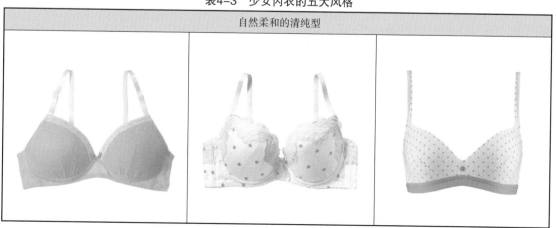

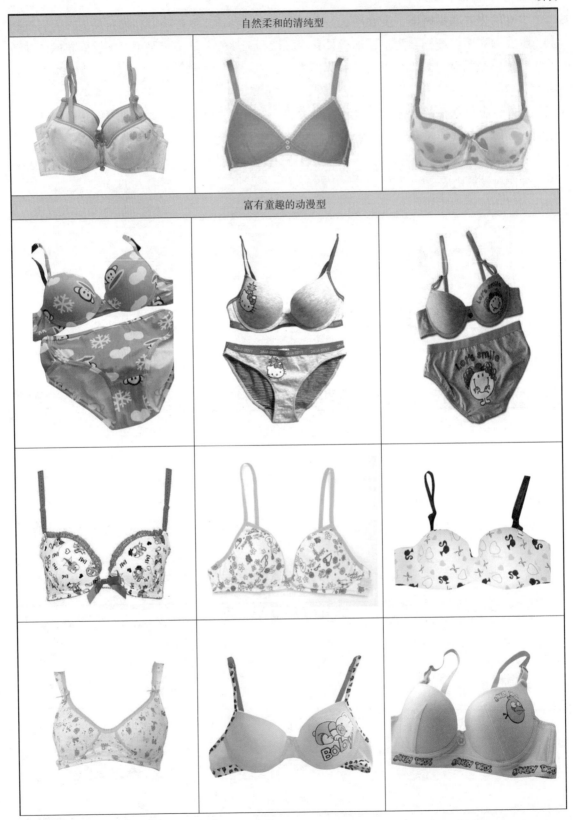

续表

续表

三、项目实训

1. **动漫型少女内衣设计**

参考图 4-4 提供的动漫卡通形象，选取自己喜好的某一动画形象，结合主题构思法，进行富有童趣的动漫型少女内衣设计。

图 4-4　参考素材

设计的作品：

2. 运动型少女内衣设计

自行收集国内外知名运动品牌的服饰配色，按照多向思维与侧向思维的方式，设计一系列活泼朝气的运动型少女内衣，可以参照图 4-5、图 4-6。

图 4-5　参考素材　　　　　　　　　　　图 4-6　设计示范

设计的作品：

项目二：情趣内衣设计

一、任务书

　　小丽所在的企业最近正在洽谈一批欧美情趣内衣设计的订单，公司交给设计部的任务是要设计出一批优秀的情趣内衣设计图稿供客户挑选下单，时间期限为半个月。因小丽近期表现不错，设计总监挑选了小丽作为这次情趣内衣设计的负责人之一，小丽需要与其他设计师一起参与讨论设计方案，以便拿出最佳的设计图稿。小丽以往对情趣内衣的了解比较少，她需要查找相关资料，充实知识才能做出优秀的设计。

1. 任务要求

　　（1）了解情趣内衣的品类与相关情趣内衣品牌。

　　（2）学习情趣内衣的设计要点与手法。

2. 任务目标

　　按照不同的设计要求设计出符合市场需求的情趣内衣产品。

二、知识内容

　　情趣内衣英文为 Sexy Lingerie，是一种让人们视觉刺激与性爱结合的产物，是人们物质生活水平不断提高后，为满足精神需求而产生的一种新事物。情趣内衣在欧美等国家是一种非常普遍的产品，而在国内情趣内衣在近两年才逐渐被大众所了解和接受。情趣内衣是内衣的衍生物，有别于常规内衣，其重点倾向于"性感"。

1. 情趣内衣的分类

　　情趣内衣按款式可分类为：情趣制服、SM 装、情趣裙装（长裙，短裙）、情趣内裤、连体式情趣内衣、情趣束身衣、三点式情趣内衣、连身丝袜等。这些分类都不是完全绝对的，相互会有交叉点，具体分类时可以按该款式主要体现的特色为标准。

　　（1）**情趣制服**：情趣制服可以细分为女佣装、护士装、空姐装、学生装、舞娘服等一系列以角色服装命名的服饰，如图4-7所示。此类情趣服饰在风格上主要体现该职业人物的特色，旨在使人们脱离日常生活中的角色，增加日常情趣。

　　（2）**SM 装**：SM 一词源于欧洲贵族，是指双方都同意通过痛感来达到快乐。SM 装正是虐恋时扮演角色的服饰，此类服饰比较另类，多采用皮革、铆钉、金属扣件等制成，常使用的颜色为黑色与大红色，视觉冲击力很强，款式多为捆绑式造型、镂空造型，还有夸张的露乳装，如图4-8所示。

图 4-7 各式情趣制服

图 4-8 各式 SM 装

（3）**情趣裙装**：情趣裙装又分为情趣短裙与情趣长裙（图4-9、图4-10），情趣短裙是指偏短的、样式非常性感的女式睡衣，也称为小夜衣。它的长度一般刚达到臀部，下摆比较宽松，一般搭配同质地内裤或丁字裤。在款式设计上多为开襟、露背、吊带，材质多为半透明的薄纱，妖艳的蕾丝花边或野性的动物纹图案。情趣长裙的基本特点与情趣短裙类似，唯一的区别是它的长度一般超过膝盖或达到地面。

图4-9　各式情趣短裙

图4-10　各式情趣长裙

（4）**情趣内裤**：情趣内裤按款式可细分为T字裤（即丁字裤）、V字裤、C字裤、开裆裤四种（图4-11）。情趣内裤大多强调性感风格，裤身多为透明的蕾丝面料与高级透明软纱，在款式造型方面有蕾丝花边装饰、有褶皱滚边、有丝带系扣连接，色彩绚丽丰富，做工精细别致，颇富情趣。

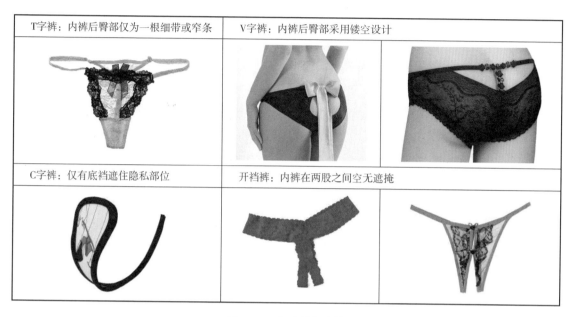

T字裤：内裤后臀部仅为一根细带或窄条	V字裤：内裤后臀部采用镂空设计
C字裤：仅有底裆遮住隐私部位	开裆裤：内裤在两股之间空无遮掩

图4-11 各式情趣内裤

（5）**连体式情趣内衣**：这种情趣内衣产品通常只有单件，有些类似连体泳衣。款式上多采用紧身、透明、镂空等形式，突出"情趣"二字，显得非常性感奔放，如图4-12所示。需要注意的是，连体式情趣内衣中不包括连体丝袜。

图4-12 各式连体式情趣内衣

（6）吊袜带：吊袜带是情趣内衣的重要组成部分，通常由腰带和连接带组成，如图 4-13 所示。连接带用于将腰带和长筒袜连为一体，腰带起到固定的作用。吊袜带可以配搭其他多种情趣内衣一起使用。

图 4-13　各式吊袜带

（7）情趣束身衣：情趣束身衣也叫束身马甲如图 4-14 所示，它的特点是在胸部使用钢圈和羽骨，托起女性胸部。在腰部采用弹性很好的材料，目的是为了收紧腰、腹，让女性腰部曲线看起来更加纤细。情趣束身衣通常与吊带袜一起搭配会达到更性感的视觉效果。

图 4-14　各式情趣束身衣

（8）**连体丝袜**：连体丝袜采用袜子的材质，覆盖全身，也是情趣内衣的重要一种，通常采用开裆设计，袜子上装饰各式花纹、蝴蝶结或网洞，如图 4-15 所示。

（9）**三点式情趣内衣**：通常由胸罩和内裤组成，胸罩的样式按暴露程度可分为全罩杯、半罩杯、无罩杯等。胸罩常会采用透明面料、镂空等设计方式，内裤有时候会采用开裆的样式，如图 4-16 所示。

图 4-15　各式连体丝袜

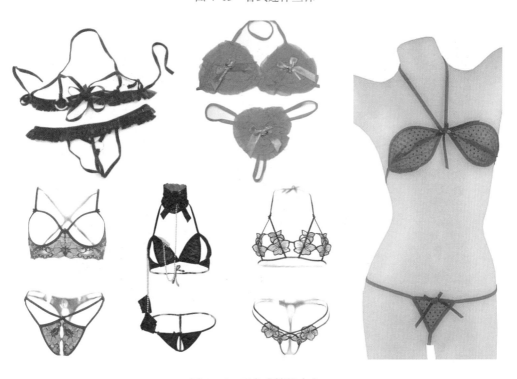

图 4-16　三点式情趣内衣

2. 情趣内衣的设计要点

情趣内衣作为内衣的重要组成部分，从诞生之日开始就与"性感"有密不可分的关系。因此情趣内衣在设计上首先要突出"情趣"、"性感"，充分展现女性的柔美曲线，当然也需要注意舒适与健康。下面分别从色彩、造型手法、材料三个方面来分析情趣内衣的设计。

（1）色彩（图4-17）：视觉对比强烈的黑色、红色、紫色是情趣内衣的设计常用色、另外清纯的白色、粉色使用频率也较高。当然情趣内衣颜色的选择不仅仅局限于这几种，可以根据设计需求进行其他色彩搭配。

（2）款式造型：情趣内衣的款式是非常多样化的，它的设计大胆，花样百出。性感、新潮、前卫的特性是情趣内衣的特点。情趣内衣款式常用以下几种造型：

①各种捆绑造型（图4-18）。

图4-17　内衣色彩

图4-18　捆绑造型

②镂空造型（图 4-19）。

图 4-19　镂空造型

③使用半透明材料的造型（图 4-20）。

图 4-20　使用半透明材料的造型

（3）**材料**：为突出女性的性感，情趣内衣常用半透明纱质料、蕾丝花网等材料，如图4-21所示。比较特殊的类别，如SM装则使用皮革、金属、铆钉、漆皮革等材料，情趣制服则根据模仿的人物造型选用羽毛、牛仔布、丝绸等各式各样的材料。

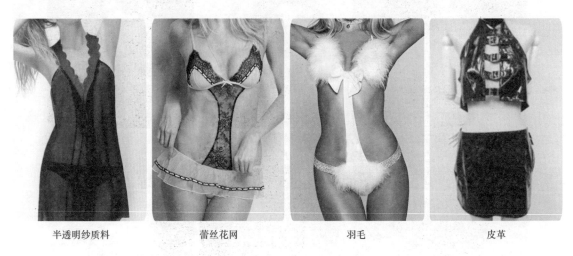

半透明纱质料　　　　　　　蕾丝花网　　　　　　　　羽毛　　　　　　　　　皮革

图4-21　不同材料的情趣内衣

总之，情趣内衣的款式是非常丰富的，而随着人们对情趣内衣的认可和接受，国内情趣内衣品牌也得到了很好的发展。像夜火、苏泽尔、正丽、月慕妮、欧姿丽雅等品牌内衣也越来越热销，同时也涌现了一批优秀的情趣内衣设计师。

三、项目实训

1. 进行情趣制服内衣设计

请选择某一职业人物（空姐、护士、女仆等）为对象，根据其职业装的特点，进行情趣类制服设计（表4-4）。

表4-4　情趣制服内衣设计

参考人物：　护士职业装	使用镂空与半透明手法设计的护士情趣类制服
设计示范	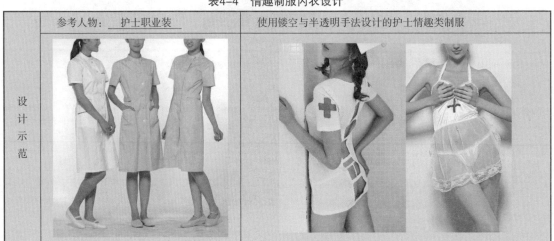

设计作品	参考人物：_____

2. 寻找合适的材料进行情趣内衣设计

提到性感服饰，你想到了什么呢？是狂野的豹纹？通透的蕾丝？还是其他的服装材料呢？请在周末去面料市场上找寻并选取合适的材料粘贴在下表，并以此材料为主要面料进行系列情趣内衣设计，需包含情趣睡裙、三点式情趣内衣、吊袜带、情趣塑身衣、情趣内裤等品类。

情趣内衣材料的选择与设计

面料粘贴处	面料粘贴处

系列款式图：

3. 调查情趣内衣品牌分析设计风格

请通过网络调查市场上设计精美、性感的情趣内衣品牌，并写出这些品牌的设计风格。

项目三：节庆内衣设计

任务一　圣诞节节庆内衣设计

一、任务书

圣诞节是内衣产品销售的好时机，公司下达了任务："推出一系列以圣诞节为主题的内衣产品，要求既要迎合市场、宣传公司品牌，也要带动其他系列产品销售。"小丽的任务是需要提供两个系列圣诞节文胸设计，其中一组需要用于橱窗展示，要具有一定的艺术性；另一组为基础款，要求把圣诞节元素与内衣产品完美结合。所以，小丽需要了解圣诞节的相关知识以及圣诞节的设计要素等。

1. 任务要求

了解圣诞节的节日元素与各元素常见的设计手法。

2. 任务目标

重点掌握圣诞节设计元素的运用方法并进行案例模拟设计。

二、知识内容

圣诞节（Christmas），译文为"基督弥撒"，是一个宗教节。圣诞节发展至今，已经成为西方以及很多地区的公共假日，例如，在香港、马来西亚和新加坡等地都会过圣诞节，而目前中国年轻人也非常热衷此节日，青年男女在圣诞节相约庆祝，同时此节日也是内衣产品销售的好时机，许多的内衣品牌会特意为圣诞节进行店面陈列，如图 4-22 所示。

1. 节日习俗

圣诞节以红、绿、白三色为圣诞传统色彩，圣诞树是圣诞节的主要装饰品，用砍伐来的杉、柏一类呈塔造型的常青树装饰而成。圣诞树上面悬挂着五颜六色的彩灯、礼物和纸花，还点燃着圣诞蜡烛。圣诞老人是圣诞节活动中最受欢迎的人物，西方儿童在圣诞夜临睡之前，要在枕头旁放上一只彩袜，等候圣诞礼物的出现。

2. 圣诞节元素

圣诞节常见的节日习俗元素主要包括（图 4-23）：

图 4-22　某内衣品牌的圣诞节店面陈列

（1）**节日形象：**圣诞老人。

（2）**装饰元素：**彩灯、圣诞棍、礼物盒、丝带、彩袜、圣诞蜡烛等。

（3）**自然元素：**圣诞树、雪花、松果、驯鹿等。

图 4-23　圣诞节元素

3．案例分析

（1）节日形象——圣诞老人造型，设计元素的分析、提取与设计示范（表4-5）。

表4-5　圣诞老人造型在内衣设计中的应用

人物服饰分析：

1．身穿大红色外套，袖口、裤口装饰白色毛边
2．腰部绑黑色皮革腰带，装饰金色日字扣
3．带圣诞帽，帽尾缀白色毛球

提取设计要素：

色彩：红色、白色、黑色

材料：毛边、金属扣、皮革

设计示范一：常规基础款。

考虑穿着的实用性，基本不使用体积太大的白色毛边材料，而是用柔美的花边代替

设计示范二：性感情趣款。

造型较夸张，常使用黑色丝带、皮革、金属扣、薄纱、通透的网袜与厚重的毛边搭配出别样的性感

（2）**装饰元素**：彩灯、圣诞拐杖、礼盒、丝带、彩袜、手套、铃铛等的分析，设计元素的提取与设计示范，见表4–6。

表4–6　圣诞节装饰元素在内衣设计中的应用

元素分析：

1. 圣诞拐杖、礼盒多为红白斜条纹或圆点花纹，装饰蝴蝶结
2. 彩灯、彩袜、手套铃铛多为红色、金色、绿色

提取设计要素：

图案：红白斜条纹、红白圆点花纹

设计示范一： 运用圣诞拐杖与礼盒的图案（条纹、圆点、格子等）为设计元素进行各种圣诞节内衣设计

设计示范二： 运用装饰元素的造型进行图案设计，装饰元素可单独运用，也可组合运用。分裁片印或匹印两种

1. 裁片印

| 手套 | 铃铛 | 圣诞拐杖 |

2. 匹印

（3）**自然元素：** 如圣诞树、雪花、松果、驯鹿等设计元素的分析、提取与设计示范（表4-7）。

表4-7　自然元素在内衣设计中的应用

	**元素分析：** 　雪花冰晶呈现出美丽的菱形图案，松果、驯鹿、圣诞树等元素带来大自然的舒适感 **提取设计要素：** 色彩：红、白、绿、蓝 风格：舒适自然、清纯学院风

设计示范一： 运用雪花冰晶的图案进行设计，图案底色多为红色、白色，也有圣诞蓝、圣诞绿、圣诞灰等其他色彩，雪花元素常用于少女品牌的圣诞节内衣设计

设计示范二：各种自然元素组合。常用红、白、绿三色组合，图案可做裁片印或匹印，元素可单独运用也可组合运用，多元素组合偏好设计情侣装

三、项目实训

1. 市场调查

以 5 ~ 8 人为一组，确认本组模拟品牌及消费对象，合作收集圣诞节元素资料。

模拟品牌：＿＿＿＿＿＿＿＿＿＿＿＿＿＿＿＿＿＿＿＿＿＿＿＿＿＿＿＿＿

消费对象：＿＿＿＿＿＿＿＿＿＿　　元素资料：＿＿＿＿＿＿＿＿＿＿＿

2. 制订方案

制订圣诞节庆内衣设计方案，任务分配（A 设计橱窗形象款，B 设计基础常销款，C 设计主打款）每个小组独立制订一个工作计划。

圣诞节庆内衣设计方案						
组员 灵感来源	A	A	B	B	C	C
选定的风格						
采用的设计元素						

3. 进行款式设计

绘制圣诞节庆类内衣款式图，根据任务要求、品牌消费人群及设计风格，选择合适的元素设计圣诞节庆类内衣，在图纸上将自己的设计理念及构思画成款式系列图，注意整体协调性。

设计任务：＿＿＿＿＿＿＿＿＿＿＿＿＿＿＿＿＿＿＿＿＿＿＿＿＿＿＿＿＿

设计系列稿：

任务二 春节节庆内衣设计

一、任务书

在中国，春节是服装销售的旺季，服装内衣也不例外，通常在新春到来之际会选购被寄予祝福鸿运的内衣，希望在来年日子红红火火。为了来年的好运气，春节节庆的内衣款是必不可少的设计之一，小丽所负责的品牌也需要推出 2 个系列的鸿运内衣。首先，小丽要了解春节的习俗以及民间传统元素，将这些元素运用到内衣设计中。

1. 任务要求

了解春节的节日元素与各元素常见的设计手法。

2. 任务目标

重点掌握春节设计元素的运用手法并进行模拟设计。

二、知识内容

春节是中国最富有特色的传统节日，在民间，春节是指从腊月初八的腊祭一直到正月十五元宵节，其中以除夕和正月初一为高潮。在春节期间，人们要举行各种活动以示庆祝，这些活动丰富多彩，带有浓郁的民族特色（图 4-24）。

图 4-24　春节家家户户都要粘贴喜庆的对联与年画

1．节日习俗

过春节家家户户都张灯结彩、贴对联、挂大红灯笼、剪窗花。年初一开门的第一件事就是燃放爆竹，人们出门走亲访友，恭祝来年大吉大利，长辈会把准备好的压岁钱分给晚辈。

2．内衣设计常用春节元素（图4-25）

春节节庆内衣设计常用的元素有12生肖、龙凤、牡丹花、中国结与"福"等。

图4-25　春节元素

3．案例分析

（1）十二生肖元素在设计中的应用（表4-8）。

表4-8　十二生肖元素在春节内衣设计中的应用

	元素分析： 1．每年一轮生肖属性，时间性很强 2．常用剪纸和卡通形象表现 设计要点： 价格走亲民大众路线，消费者通常为本命年

设计示范：常规基础款。

受消费对象与价格的限制，此类鸿运内衣款式简洁大方，面料以棉、莫代尔为主，印花采用烫金工艺，最常用中国红+金色表达节日的喜庆感。卡通形象12生肖多运用在少女文胸上，剪纸形式的12生肖主要运用在成人内裤与保暖衣上

（2）龙凤、牡丹花元素在设计中的应用（表4-9）。

表4-9　龙凤、牡丹花元素在春节内衣设计中的应用

元素分析：

龙凤、牡丹都是中国传统文化元素，象征着富贵荣华，也是中国嫁娶习俗中最常见的元素

设计要点：

此类元素设计的内衣既可作鸿运款，也可作婚庆款，给人以喜庆，华贵的感觉

续表

设计示范：以龙凤为元素。

高档的刺绣+烫钻工艺来表现华丽感，色彩为中国红+金/银色或深枣红+金/银色、暗红+金色等成熟喜庆的色系

设计示范：以牡丹为元素。

色彩以中国红、玫红、酒红为主，运用金银线刺绣来表现牡丹的华贵，色彩对比相对较含蓄

续表

南海区盐步职业技术学校2008级学生运用牡丹花元素设计的春节系列作品

（3）中国结与喜庆文字在设计中的应用（表4-10）。

表4-10　中国结与喜庆文字在设计中的应用

元素分析：
1. 常用"福"、"吉祥"、"发财"等中国喜庆文字为元素，符合人们追求好兆头的心理
2. 中国结常在文胸上作为吊饰使用，在内裤上则做成烫金图案。

设计要点：
色彩为中国红+金色

续表

设计示范： 以"福"、"吉祥"等喜庆字样做成印花图案或绣花图案

三、项目实训

1. 设定模拟品牌、收集元素资料

以 3 ~ 5 人为一组，设定某一内衣品牌的价位与风格，组员合作收集春节元素资料并选取需要的元素与材料。

模拟品牌、价位、风格：_____

收集的元素：

2. 选定元素进行设计

根据收集的元素资料，选取其中某一元素，在绘图纸上将自己的设计理念及构思画成款式系列图，注意整体协调性。

设计选取的元素：_____

设计系列稿1：

设计系列稿2：

任务三　情人节内衣设计

一、任务书

对青年男女来说，一年一度的情人节是表达爱意、温馨浪漫的节日。各大服装品牌也会推出情人节主题活动，吸引青年男女消费，小丽所在的企业要求今年的情人节以"爱·玫瑰"为主题推出一系列礼盒内衣，小丽很荣幸也是参与此次礼盒内衣设计的成员之一。所以，小丽需要了解情人节的相关知识及设计要点。

1. 任务要求

了解情人节的节日元素与各元素常见的设计手法。

2. 任务目标

重点掌握情人节设计要点并进行案例模拟设计。

二、知识内容

情人节，又叫圣瓦伦丁节，是西方的传统节日之一。这是一个关于爱情、浪漫的节日，如图4-26所示。男女在这一天互送礼物用以表达爱意或友好，传统的礼物为玫瑰花、巧克力、贺卡等。

1. 节日习俗

单身的年轻男女常在这天向心上人告白，情侣也会在这天约会。男女双方互赠礼物，男方通常是送玫瑰花、巧克力、首饰、内衣等物品，女方则回送手表、领带等，并常会到餐厅享用烛光晚餐。

图4-26 情人节代表了爱情与浪漫

2. 具有爱情象征意义的元素

代表爱情的经典元素有玫瑰、桃心、爱神丘比特之箭等。

3. 案例分析

（1）以玫瑰为元素（表4-11）。

表4-11 玫瑰元素在情人节内衣设计中的应用

	元素分析： 常见的玫瑰花颜色为玫红、粉红、大红等 设计要点： 玫瑰花是内衣设计中常见的元素，可根据品牌风格选用印花、刺绣、立体编织等多种方式对玫瑰花进行造型
设计示范一：某日系少女内衣品牌，在内衣设计中情人节玫瑰元素在设计中的应用。结合本品牌浪漫可爱的风格，花型抽象，色彩粉嫩甜蜜	

设计示范二： 某欧美成熟内衣品牌，在内衣设计中情人节玫瑰元素在设计中的应用。结合本品牌热情火辣的风格，使用大红、玫红等色彩，热情奔放

设计示范三： 某欧美性感内衣品牌，在内衣设计中情人节玫瑰元素在设计中的应用。结合本品牌成熟性感的风格，以黑、红配色为主，运用玫瑰花型的蕾丝网布与刺绣花边来表达成熟的感觉

设计示范四：某欧美情趣品牌，在内衣设计中情人节玫瑰元素在设计中的应用。结合本品牌的风格，以通透的网纱为底，采用热情的大红色，运用玫瑰花型的刺绣花边来表达诱惑的感觉

（2）以桃心为元素（表4-12）。

表4-12　桃心元素在情人节内衣设计中的应用

	**元素分析：** 使用红色系或粉红色系的桃心代表爱情 **设计要点：** 根据品牌风格选用设计方法，常作为印花或图案设计
设计示范一：少女内衣品牌，在内衣设计中情人节桃心元素在设计中的应用，款式简洁甜蜜	

设计示范二： 少女内衣品牌LOVE元素在设计中的应用，款式以简洁大方为主

设计示范三： 情趣型内衣品牌，情人节桃心元素在设计中的应用，以性感诱惑的款式为主

续表

设计示范四：南海区盐步职业学校2011级学生马嘉琦运用桃心图案设计的粉色搭配黑色的情人节系列作品《sexy girl》

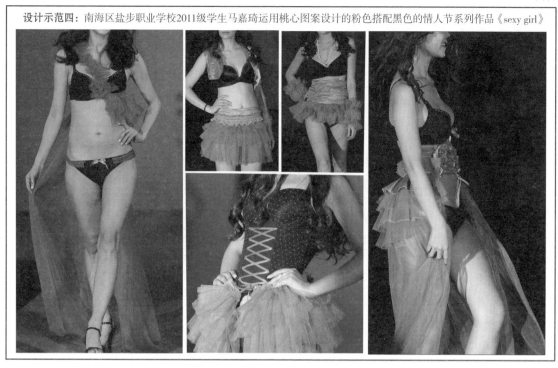

　　总之，情人节的节庆内衣设计与春节、圣诞节还是有所不同的，春节、圣诞节重点突出的是节日元素，表达一种喜庆、欢乐的感觉。而情人节内衣除了结合节日元素进行设计，表达出爱意与浪漫外，更突出的是品牌本身的风格。

三、项目实训

1. 收集有情人节元素的创意包装

　　情人节内衣是作为表达爱意的礼物进行赠送的，一款好的情人节内衣除了优秀的款式设计能促进消费者的购买欲望之外，创意的包装也是提高销量的重要方式，请收集一些情人节创意包装图片，把你设计的内衣包装起来吧！

示范一：包装成一朵玫瑰花形状的内裤　　　　示范二：包装成可爱桃心形状的内裤

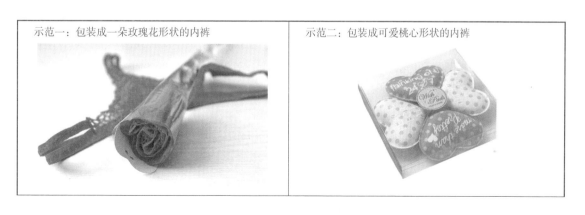

续表

收集的图片：	收集的图片：

2. 将设计理念及构思用图表示出来

假设某一内衣品牌，请为其设计一系列情人节内衣，如何设计？请将自己的设计理念及构思画成款式系列图。

选取的内衣品牌：＿＿＿＿＿＿＿＿＿＿＿＿＿＿＿＿＿＿＿＿＿＿＿＿＿＿＿＿

该品牌的风格、消费群体、价位：＿＿＿＿＿＿＿＿＿＿＿＿＿＿＿＿＿＿＿＿＿

设计稿：

项目四：田园风格内衣设计

任务一　田园风格内衣图案设计

一、任务书

从 12 月底到次年 2 月初，小丽所在企业所推出的节庆系列产品的销售也告一段落。春天即将来临，公司急切需要推出一系列的早春款来吸引消费者，经过商讨研究，大家一致同意本季度的早春款主打自然舒适的田园风格。作为一个内衣企业，每季度的新品必须有自己独特的设计点，为防止与其他企业使用了同款的新面料，而出现相类似的新品，同时也为了防止开发的新款式被仿版，本季度的早春形象款与主流款所使用的面料必须要自行开发。小丽需要在掌握色彩搭配及四方连续图案的组织形式的基础上，绘制一系列田园风格内衣款式以及图案配色设计。

1. 任务要求

重点掌握色彩搭配的规律与搭配形式，掌握四方连续图案的组织形式。

2. 任务目标

利用绘图软件进行田园风内衣图案配色与四方连续图案设计。

二、知识内容

1. 田园风格的概念

田园风格是指崇尚原始的、淳朴的、自然的美，反对一切虚假的华丽、烦琐的装饰和雕琢的美，田园风格的内衣以明快清新、具有乡土风情为主要特征，表现一种轻松恬淡、超凡脱俗的情趣。田园风格的设计从大自然中汲取设计灵感，面料常以树木、花朵、蓝天、大海等自然景物为图案，充满浪漫色彩与自然情调。

2. 田园风格图案色彩搭配

田园风格的设计绝对少不了各种条纹、格纹与艺术印花图案，尤其是象征着大自然的花卉图案，是田园风格必不可少的元素之一。如何根据设计需要进行色彩搭配是田园风图案设计的重点，田园风格内衣的色彩搭配设计主要有以下几种形式：

（1）无色彩配色：无色彩配色是指黑、白、灰三色互相配色，其具有色调稳定、易被接受的特点，属于简单易行的配色。无色彩搭配在舒适田园风内衣中运用较多，可以营造出雅致轻松的视觉效果（图4-27）。

（2）无彩色配色：在有彩色系中选择任一色彩或几种色彩与黑、白、灰三色进行搭配称为无彩色配色，这种配色常常能产生醒目的视觉效果。一般情况下，在进行无彩色配色时，

图4-27 无色彩配色示范

一定要注意高明度的色彩配以白色或黑色，中明度的色彩配以灰色，这样视觉效果才会感觉协调，如图4-28所示。田园风格内衣选择这种搭配原则，可以起到既醒目又舒缓的柔和效果。

图4-28　无彩色配色示范

（3）**相似色配色**：色彩在色相环上的角度差异是色相基调统一的基础，相似色则是指色环大约在90°以内的邻近色，如红与黄、橙红与黄绿、绿与紫等都是相似色。用相似色来设计图案可以获得协调统一的整体效果，并能营造出青春积极的色彩性格，这一特点非常符合田园风格内衣中"乡村田园"的气息（图4-29）。

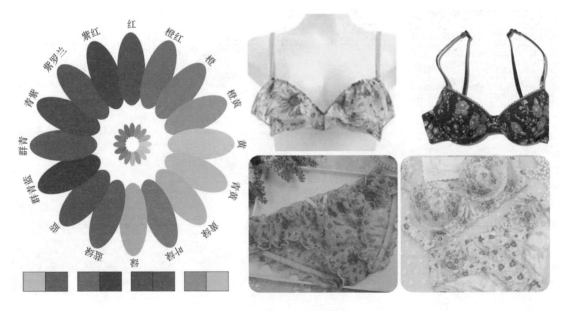

图4-29　相似色配色示范

（4）**互补色配色**：互补色是指两个相对的颜色，如红与绿、黄与紫等，即人们常说的撞色。互补色搭配能产生活泼、跳跃、艳丽或者明快之感，是很多"花卉主义"田园风内衣首选的配色原则。在进行互补色配色时，一定要确定一种主色，主色在图案中应占绝大部分比例的面积或者占较重要的位置，辅色的选择也要符合图案的整体基调（图4-30）。

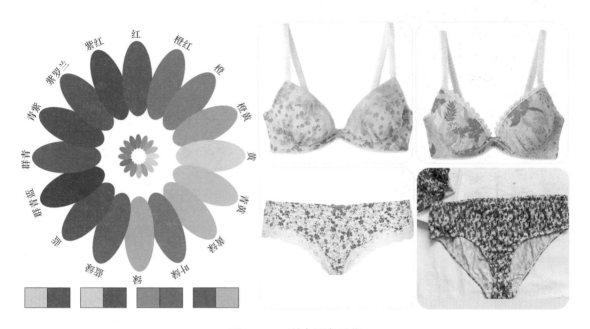

图4-30　互补色配色示范

3. 田园风印花图案排列形式

田园风印花图案是四方连续图案，它是由一个或一组单位图案向上、下、左、右四个方向重复连续扩展而成，通常有散点式、连缀式、重叠式三种形式。

（1）**散点式**：在单位纹样内一个或多个互不相连的图案反复排列，形成散花状，排列可以有规律也可以无规律，小碎花图案常用此方式（图4-31）。

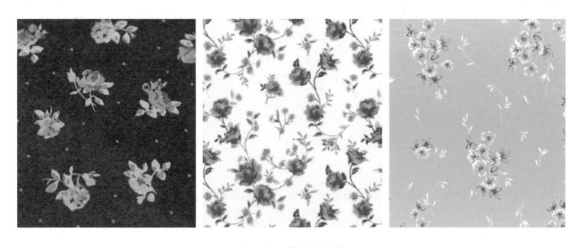

图4-31　散点式图案

（2）**连缀式**：也叫几何加花型，是指在几何框架内用一个或几个元素组成单位纹样，并能上、下、左、右四个方向相连接，常见的有条形、菱形、波浪形等排列方式图案（图4-32）。

图4-32　连缀式图案

（3）**重叠式**：有两种或两种以上的元素重叠排列，在下面的称底纹，上面的称浮纹（图4-33）。

图4-33　重叠式图案

三、项目实训

请登陆素材中国（http：//www.sccnn.com）、素材天下（http：//www.sucaitianxia.com）千图网（http：//www.58pic.com/fuzhuang）等设计素材共享网站，下载矢量花卉纹样，利用绘图软件设计两组田园风格四方连续图案，每个图案设计 2 ~ 3 个配色。

设计示范：下载单个素材 → 通过缩放、旋转、提取等方式组合重叠式单位纹样→把单位纹样向上、下、左、右四个方向重复连续扩展后形成图案

设计作品：（请交电子版给老师）

任务二 田园风格内衣款式设计

一、任务书

在开发出新的田园风格的印花面料后，设计部的同事们需要围绕此系列面料进行产品设计，同一块面料因搭配的辅料，拼接的方式不同，也会呈现出不同的设计风格，为更好地利用好此系列面料，需掌握田园风格的内衣设计方法。

1. 任务要求

了解田园风格的分类与设计要点。

2. 任务目标

重点掌握田园风格内衣的设计方法并进行案例模拟设计。

二、知识链接

1. 田园风格的分类

田园风格可细分为英式田园、美式田园与日系田园三大类，它有着健康、性感、随性的自然特质，以明快清新具有乡土气息为主要特征，表现一种轻松恬淡、超凡脱俗的情趣。

（1）**美式田园**：即以各种大小印花图案为主要表现形式的"乡村田园"风格和"花卉主义"田园风格为主。"花卉主义"田园风格内衣的色彩艳丽，明度、纯度都很高，花色多变（图4-34）。

图4-34 美式"花卉主义"田园设计示范

美式"乡村田园"风格则强调回归自然，充分显现出自然质朴的特性，它强调舒适度，色彩素雅平和，花型以小碎花为主（图4-35）。

图 4-35　美式"乡村田园"风格设计示范

（2）**英式田园：** 英式田园也叫"格纹主义"，即以朴素的格纹、条纹等线条组合为主要表现形式，打造出一件件浓浓的"假日田园"风格内衣。这一类内衣色彩朴素淡雅，款式自然、贴身随性，有时也会辅以一些碎褶装饰，以具有朴质外观的天然面料为主要材料。条纹、格纹等多线条组合，精美的蕾丝饰边，或具象、抽象的几何纹样等都是田园风格内衣的典型特征（图4-36）。

图 4-36　英式田园风格设计示范

（3）**日系田园**：日系田园风是最近几年新兴的，也常被称为"小清新"风格。日系田园风偏好运用荷叶边、蕾丝花边等元素装饰内衣，这些少女味十足又充满质朴乡村风情的元素带来极为甜美的感觉（图4-37～图4-39）。

图4-37　日式田园风格设计示范

图4-38　邓丽萍日系田园风格作品《初芽》

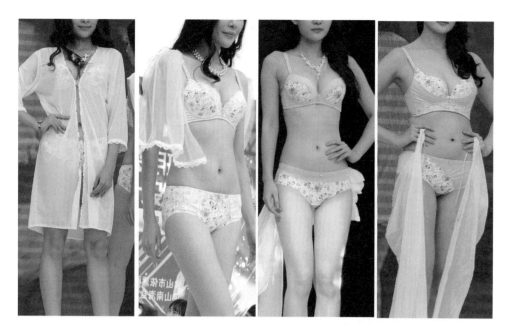

图 4-39　2013 级学生劳玉婵田园风作品《花样年华》

2. 田园风常见设计元素

　　田园风格内衣常采用棉、丝、麻等纯天然纤维面料，如带有小方格、均匀条纹、各种美丽花朵图案的纯棉面料是田园风格设计中最常用的面料（图 4-40）。另外，棉质花边、蕾丝、蝴蝶结、木质纽扣、荷叶边等少女味十足又充满质朴乡村风情的元素也很常见（图 4-41）。需要注意的是，田园风格中的蕾丝花边并不给人神秘性感的感觉，而是带有一种返璞归真的情调。

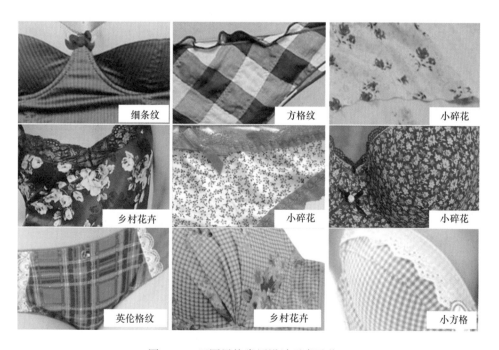

图 4-40　田园风格常用设计元素示范一

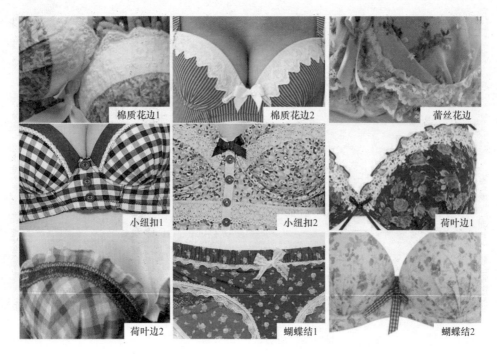

图 4-41　田园风格常用设计元素示范二

三、项目实训

1. 寻找田园风格面料、辅料

请在周末逛逛面料市场，寻找 10 种适合用于田园风设计的内衣面料、辅料，并张贴在下表。

面料类		

续表

面料类		

辅料类		

2. 进行田园风格内衣款式设计

请在找到的田园风格面料、辅料中挑出自己最喜欢的材料，并以此材料为主要面料设计一组田园风格内衣。

设计稿：

参考文献

［1］孙恩乐. 内衣设计［M］. 北京：中国纺织出版社，2008.

［2］邓鹏举. 内衣设计［M］. 沈阳：辽宁科学技术出版社，2009.

［3］徐广良，文观秀. 服装设计［M］. 广州：世界图书出版广东有限公司，2013.